這本書屬於：

新雅 • 知識館

大腦最強之如何煉成福爾摩斯的頭腦

作　　者：卡洛．卡臣（Carlo Carzan）及
　　　　　索尼婭．史加高（Sonia Scalco）
繪　　圖：伊拿斯奧．富爾蓋蘇（Ignazio Fulghesu）
翻　　譯：陸辛耘
責任編輯：黃花窗
美術設計：陳雅琳
出　　版：新雅文化事業有限公司
　　　　　香港英皇道499號北角工業大廈18樓
　　　　　電話：（852）2138 7998
　　　　　傳真：（852）2597 4003
　　　　　網址：http://www.sunya.com.hk
　　　　　電郵：marketing@sunya.com.hk
發　　行：香港聯合書刊物流有限公司
　　　　　香港新界大埔汀麗路36號中華商務印刷大廈3字樓
　　　　　電話：（852）2150 2100
　　　　　傳真：（852）2407 3062
　　　　　電郵：info@suplogistics.com.hk
印　　刷：中華商務彩色印刷有限公司
　　　　　香港新界大埔汀麗路36號
版　　次：二〇一七年九月初版

ISBN: 978-962-08-6818-4
Text by Carlo Carzan and Sonia Scalco
Illustrations by Ignazio Fulghesu
Graphic design by Ignazio Fulghesu and Alessandra Zorzetti
The Work is published in agreement with Caminito S.a.s. Literary Agency

18/F, North Point Industrial Building, 499 King’s Road, Hong Kong
Published and printed in Hong Kong

卡洛．卡臣及索尼婭．史加高 著
伊拿斯奧．富爾蓋蘇 圖

新雅・知識館

大腦最強之如何煉成
福爾摩斯的頭腦

新雅文化事業有限公司
www.sunya.com.hk

目錄

我是福爾摩斯

你是不是有個難題要解決？

你是不是有個謎團要解開？

你是不是要找出偷竊案的罪魁禍首？

你要的答案，都在這本書裏！因為……我們有貝克街著名的偵探幫忙！你說什麼？不可能？你認為夏洛克．福爾摩斯（Sherlock Holmes）不是真人，只是英國作家阿瑟．柯南．道爾（Arthur Conan Doyle）筆下的虛構人物？

柯南．道爾

「當我們在談論福爾摩斯時，我們都會不約而同地幻想：他是真實存在的。也許這就是他最大的魔力。」

T．S．艾略特

詩人與文學評論家

好吧，這的確是事實！可是你知道嗎，時至今日，福爾摩斯這個角色實在太栩栩如生，**比起他的創作者還要真實**。事實上，這個角色是以真人為藍本，那人就是作者的大學教授——約瑟夫．貝爾（Joseph Bell）。

挑戰站

福爾摩斯？柯南．道爾？

讓我們來做個測驗吧！請你訪問至少15個人，向他們提出以下兩條問題：誰是柯南．道爾？誰是福爾摩斯？

訪問期間，請記錄有多少人能夠回答第1條問題，有多少人能夠回答第2條問題，又有多少人能夠同時回答兩條問題。你會發現，我們的偵探先生可要比他的創作者有名得多！

尋找福爾摩斯

閱讀這本書就如同參加一場尋寶遊戲，而你要尋找的寶藏就是……福爾摩斯！你會慢慢了解到他的生活、他的朋友、他的缺點，當然最重要的是，他那異乎尋常的破案才能。

你一定要睜大眼睛，仔細尋找福爾摩斯查案生涯裏的各種**蛛絲馬跡**，因為它們可以幫助你更好地了解這位有史以來最偉大的偵探家。現在，就讓我們從他的出生日期說起吧。他誕生於1853至1854年間。雖然有關他童年和少年時期的生活，我們知道的並不多，不過，憑藉優秀的**推理**和**搜集資料**的能力，他在校期間已經當上業餘偵探：最初只是興趣性質，但到年滿20歲時，他已經將之變成事業，並在工作中大展身手。

你準備好追尋他的蹤跡了嗎？

福爾摩斯真是無處不在：從小說到漫畫，從電影到電視劇，從卡通片到電玩遊戲……都有關於他的故事，真是數也數不清。許多人都試着透過這些故事，去了解他生活中的點點滴滴。你準備好認識關於福爾摩斯的一切了嗎？

研究開始啦！

試幻想走在1878年前後的牛津街頭，你也許會遇到這樣一位年輕人：他總是仔細觀察着別人，彷彿是在等他們犯錯或是做出什麼荒唐的舉動來。

福爾摩斯長得並不好看：他身高超過180厘米，身材瘦削，彷彿得了厭食症。他臉色蒼白，灰濛濛的眼睛總是流露出一副不滿的神情，大學生活根本不能滿足他的好奇心。或許如此，在1879年時，他放棄了在牛津大學的學業，轉而搬去倫敦，在大英博物館附近的蒙塔古街開設了一家規模不大的偵探事務所。不過，他並沒有因此而停止學習，反而繼續不斷地鑽研那些能夠幫助他破案的學科。

和所有的天才一樣，他對工作充滿熱情，常常到達忘我的境界，而且永遠充滿了好奇心。他**相當自信**，甚至還說：

牛津大學校徽
校徽上的校訓為
「主為我的明燈」

我並不贊同謙虛是美德之一的說法。過分貶低自己和過分抬高自己一樣，只會讓你遠離真相。

顯而易見啊！

憑着淵博的知識和聰明的才智，福爾摩斯總能在工作中如魚得水。可是在其他領域，他卻像個傻瓜似的：不關心政治，對天文學也不感興趣，甚至連地球繞着太陽轉這件事，他似乎也不知道。

還是讓我們來聽聽福爾摩斯的工作伙伴兼傳記作者——約翰・華生（John Watson）是怎麼說的吧。他第一次見到福爾摩斯是在1882年，那次他們討論了在貝克街合租公寓的細節。以下是華生與福爾摩斯會面後對他的總結：

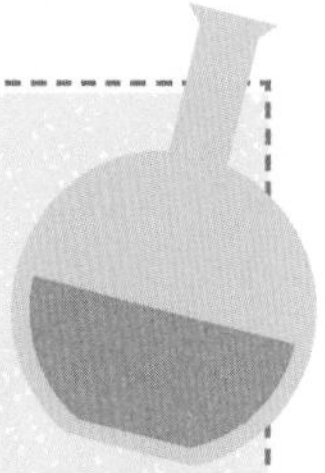

華生的報告

- 文學知識：無
- 哲學知識：無
- 天文學知識：無
- 政治知識：淺薄
- 植物學知識：不全面。他知道很多關於顛茄、鴉片和毒藥的知識，但對園藝一無所知。
- 地質學知識：實用，但有限。不過，他只需要看一眼，就能分辨出兩種不同的土壤。
- 化學知識：精深
- 解剖學知識：精確，但沒有系統。
- 驚悚文學知識：廣博，似乎對這個世紀所有最恐怖案件的細節都非常清楚了解。
- 優秀的小提琴手
- 擅長棍術、拳擊和劍術
- 具有豐富而實用的英國法律知識

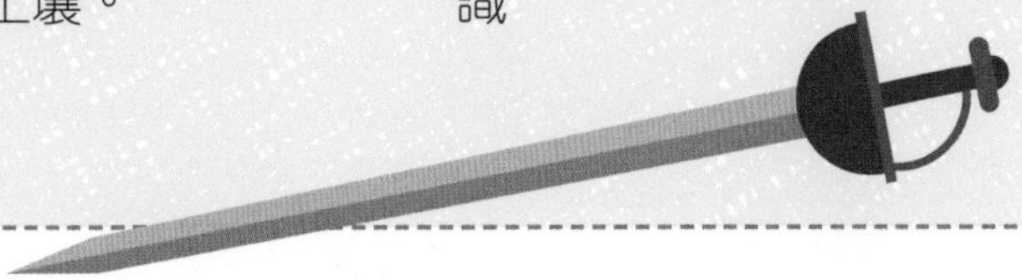

福爾摩斯的朋友與敵人

福爾摩斯擁有驚人的記憶力，能夠分類數據、分析人們的話語，還能回想起一些關鍵性的事件，幫助他破案。

他認識許多人，但只有一小部分人對他的生活產生了實際的影響。在福爾摩斯的眼裏，只有這些人才配得上與他較量，或是能夠和他交換看法。

約翰・華生

他是醫生，也是福爾摩斯的朋友和助手。正是他，記錄了這位大偵探所破獲的眾多案件。

莫里亞蒂教授

福爾摩斯的死對頭。他是一名天賦過人的數學教授，但與此同時，也是一位犯罪天才。

艾琳・艾德勒

聰慧過人的年輕女騙子，是唯一一位成功避開福爾摩斯所設下的陷阱，並安然逃脫的女性。

麥考夫・福爾摩斯

福爾摩斯的哥哥，具有卓越超羣的智商和推理才能，為英國政府效力。

雷斯垂德探長

是倫敦警察廳總部蘇格蘭場的探員。雖然福爾摩斯覺得他不怎麼聰明，卻相當敬重他。

瑪莎・哈德森

福爾摩斯在貝克街住所的女房東。她為人寬容，從不介意福爾摩斯那大批、甚至稀奇古怪的客戶，在她房子進進出出。

你是否有好奇心呢？

這可是成為一名優秀偵探的第一步！

這裏還有一些關於福爾摩斯的趣聞，快來看看吧！

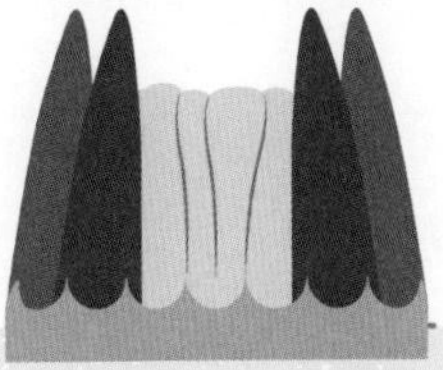

1891年，福爾摩斯與他的死敵——邪惡天才莫里亞蒂教授，在瑞士的萊辛巴赫瀑布進行了一場生死決鬥，結果他墜入了瀑布。當時，所有人都認為福爾摩斯必死無疑。可是3年後，他居然重新出現在大家眼前，還為英國政府完成了一項秘密任務。

1904年，福爾摩斯的成功為他帶來財富，然而卻身心疲累，便決定搬到修適士郡的一間小屋居住，以養蜂為樂。

在1912至1914年間，福爾摩斯以「阿爾塔蒙特」這個假名重操舊業，為英國秘密情報局效力。他用假情報騙過了德國大使，對即將爆發的衝突起到了關鍵作用。

這位大偵探的辦案經歷一共被寫成了4部長篇小說和56則短篇小說，還拍成了至少5部電視劇和20多部電影。此外，世界各地不少作者受到這位倫敦偵探的啟發，為他創作了不可勝數的故事。

許多人曾寫信寄往貝克街221號B給福爾摩斯，還會收到回覆，上面寫着：*很遺憾，福爾摩斯先生已經隱居，無法再解答疑問。但是他過得很好，並向你轉達親切的問候。*其實，這些回覆都是出自一位勤快的郵局職員之手。

盧丹氏學校

觀察、想像、思考與推理

像福爾摩斯這樣的推理天才，他的大腦究竟是怎樣運作的呢？想知道答案嗎？那就讓我們一邊閱讀和使用本書，一邊接受許多有趣的挑戰。

什麼？使用？

當然啦！這本書可不是光用來閱讀的！它還是一件工具，能夠幫助你訓練自己，考驗自己。這樣，你才能把自己的潛能充分發揮出來。

你會覺得很辛苦？

學習不應該帶來痛苦，而應該成為樂趣。

你將要投入的，是一件愉快又有趣的事，絕對不是你想像般辛苦。我們所推薦的學習方法可特別啦：它是以**玩遊戲**和**講故事**為主的，叫做**「盧丹氏學校」**法。

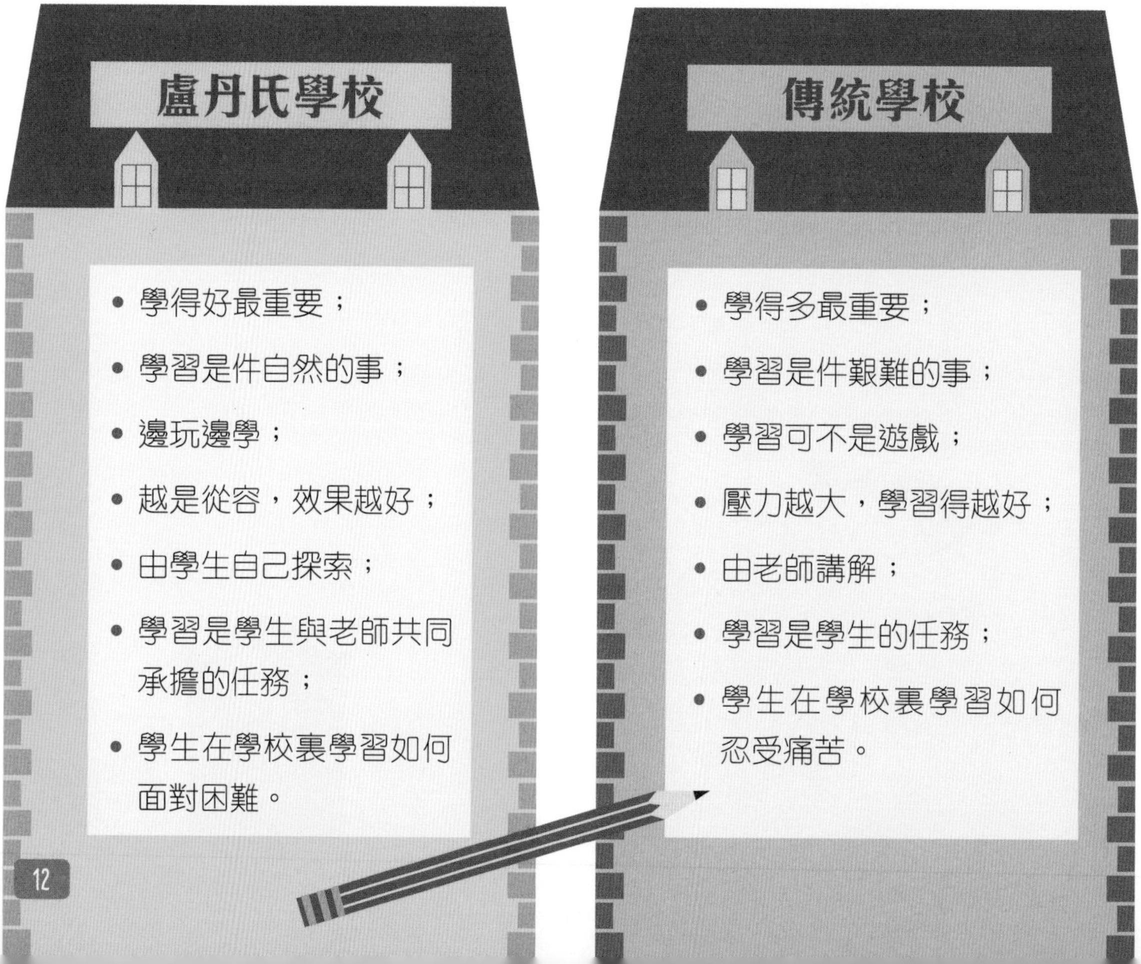
盧丹氏學校
• 學得好最重要；
• 學習是件自然的事；
• 邊玩邊學；
• 越是從容，效果越好；
• 由學生自己探索；
• 學習是學生與老師共同承擔的任務；
• 學生在學校裏學習如何面對困難。
傳統學校
• 學得多最重要；
• 學習是件艱難的事；
• 學習可不是遊戲；
• 壓力越大，學習得越好；
• 由老師講解；
• 學習是學生的任務；
• 學生在學校裏學習如何忍受痛苦。

福爾摩斯的工作方法

每個人都有自己的**學習模式**，而決定這種模式的，是「**感官通道**」。我們透過不同的感官通道，來收集外界的信息。感官通道一共分為4種：

圖像視覺通道

是福爾摩斯使用最多的通道。這位大偵探善於觀察細節，並對圖像和符號非常敏感。

文字視覺通道

這是大偵探使用的另一個通道，其活躍度與是否主動積極地閱讀和寫作息息相關。

聽覺通道

許多人都能透過聽覺通道獲取大量信息，例如上課時專心聆聽，或是參與討論。

動覺通道

第4種通道也是福爾摩斯常用的通道，代表了「從做中學習」的能力。

福爾摩斯的工作方法傾向使用所有4種感官通道。現在，既然你對它們已經有所了解，就可以慢慢開始調整你的策略，和我們的大偵探一起，試驗各種各樣的學習模式，看看哪一種最適合你自己。

請注意，你的目標並不是要把自己變成福爾摩斯，而是在他的幫助下，學會以最高效的方式來運用你的大腦。

像福爾摩斯一樣思考

下圖列出了福爾摩斯所採用的學習模式和他所具備的超凡能力。

每一種能力都可以透過不同的活動與遊戲來進行訓練。

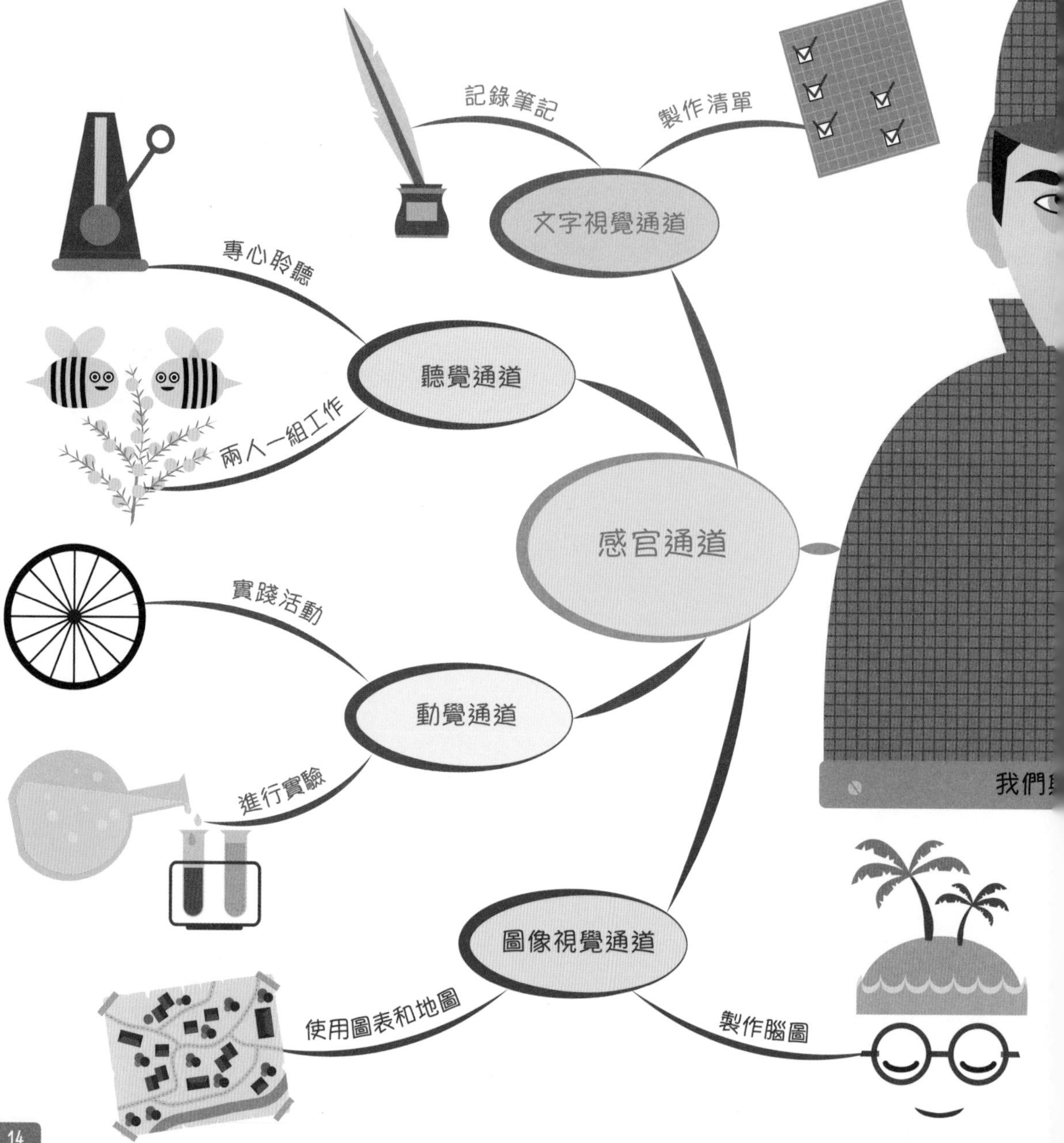

仔細觀察下圖，它會幫助你進入福爾摩斯的世界，然後從他身上學會怎樣開發你大腦的潛能。

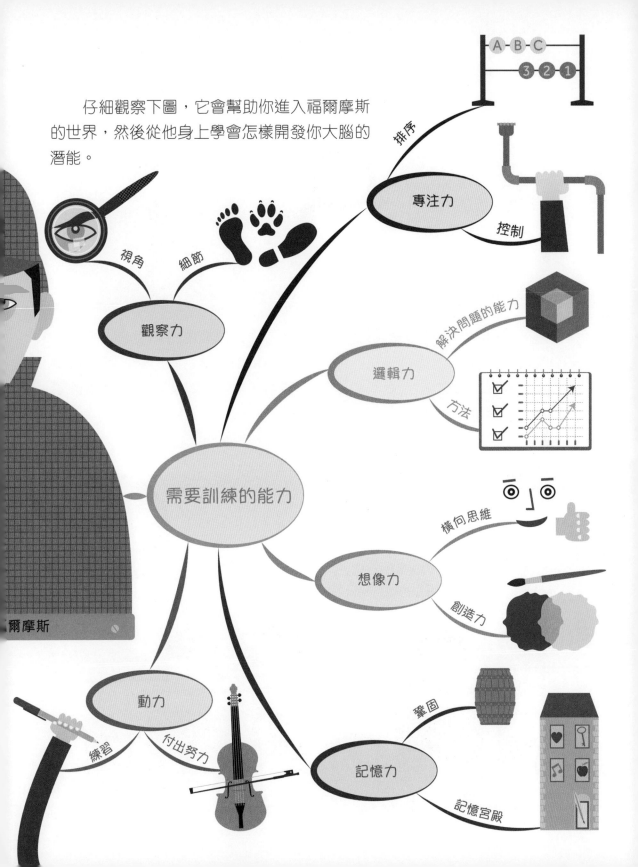

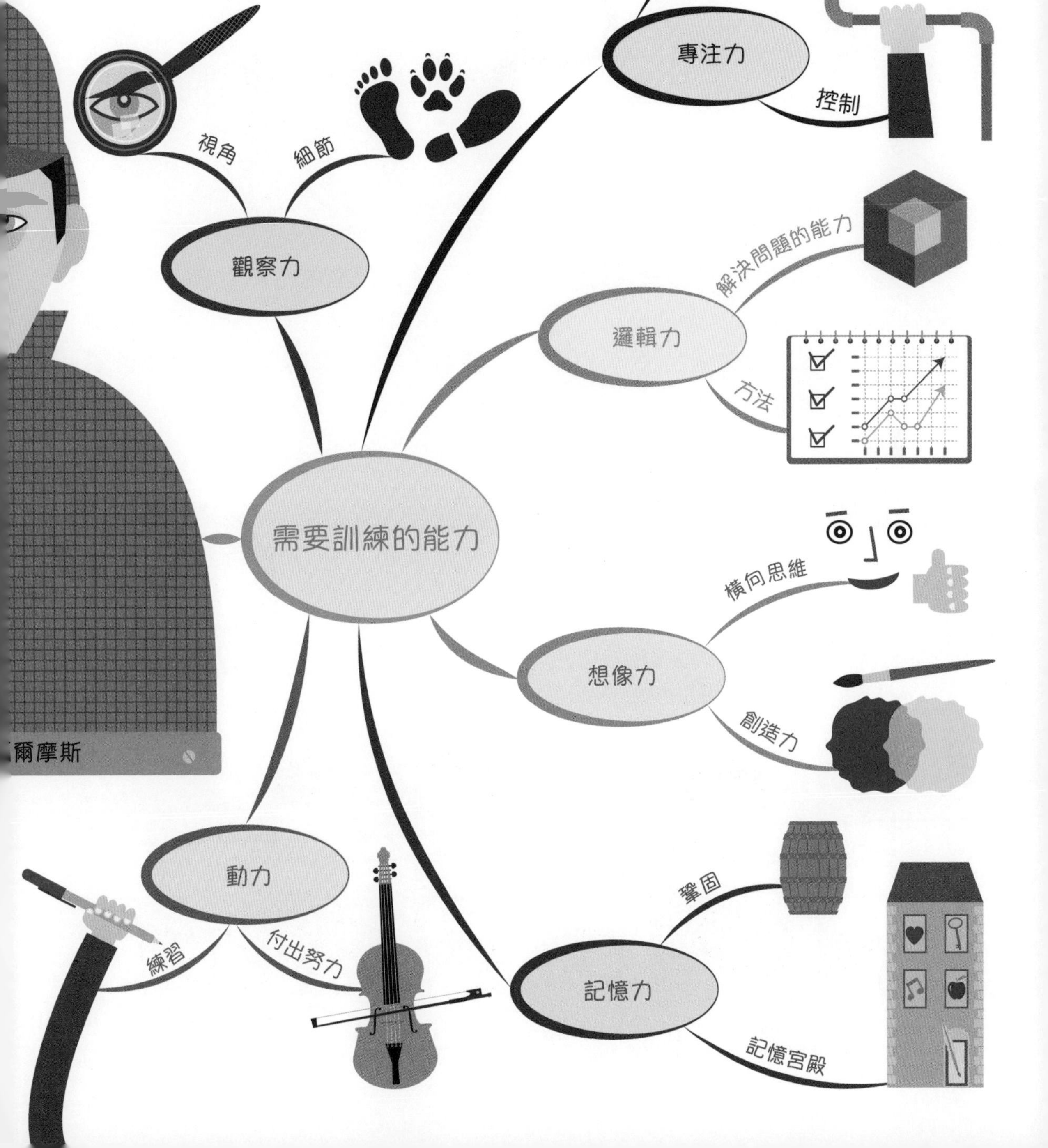

訓練觀察力

正因為我受過
訓練，所以才能
留意到自己所看
見的東西。

在現實生活中，福爾摩斯的這句話聽起來似乎很簡單，可「看東西」僅僅是一名偵探最基本的活動，而且它必須要有觀察力的支持才行。

福爾摩斯能夠將視覺、觀察、感知和推理結合在一起。正是這種能力，使他成為了一名出色的偵探。

挑戰站

火眼金睛！

就讓我們從最簡單的觀察活動開始吧！

以下兩幅圖是福爾摩斯的兩間房間，請仔細觀察，並找出**10處不同的地方**。

請翻至第92頁，看看你的答案是否正確。

大腦會觀察

要學會像福爾摩斯一樣思考，你就必須了解大腦的運作方式。

如果福爾摩斯的查案經歷發生在這個年代，那麼這位倫敦偵探一定會成為一名**神經科學**專家。這門學科除了研究大腦之外，還研究大腦各個部分的運作對人類行為所產生的影響。

事實上，在查案過程中，大腦的不同區域都會投入使用。這些區域必須對許許多多的信息進行處理，使它們以一種更有條理的方式呈現出來。

舉個例子，視覺皮層就是其中一個區域。

眼睛是怎樣運作的呢？

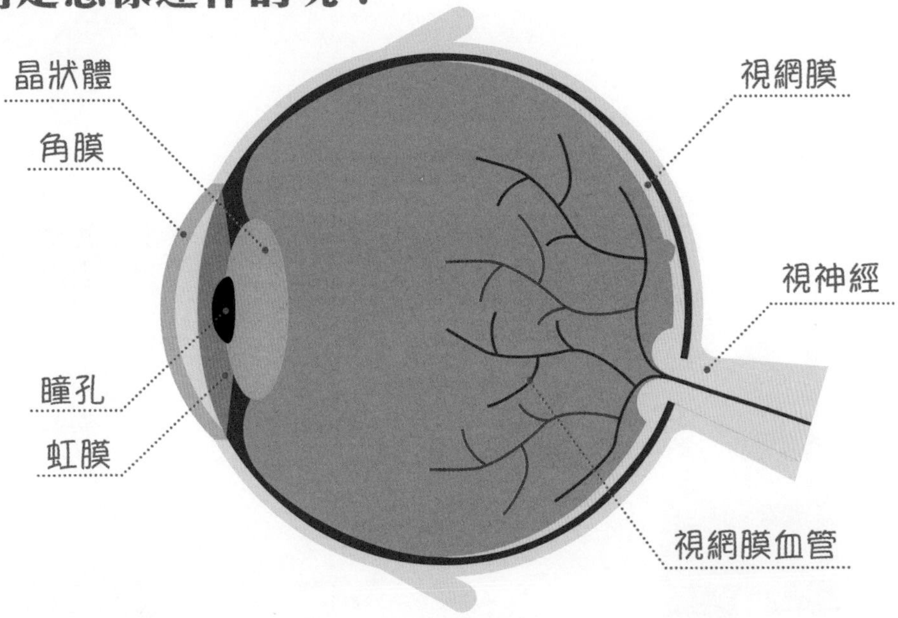

光線透過角膜、虹膜與瞳孔進入眼睛，並照射在**視網膜**上。視網膜由感光細胞所組成。這些細胞能夠引起化學反應，將光信號轉變為神經刺激。之後，這些刺激會傳送到**視神經**，再由視神經傳送到大腦中的視覺皮層：這時，圖像就會以正確的方式呈現出來。

看、觀察、了解

華生和福爾摩斯在本質上有什麼不同？
答案是：前者只是在看，而後者卻是在觀察。

這兩種行為的區別很重要，因為如果要捕捉犯罪現場的細節，那麼光「看」是不夠的，而是要訓練自己去「觀察」。

看的行為是無意識的，自發的，而不是刻意的。

與之相比，**觀察**是帶有目的的：當你觀察某個東西的時候，你心裏已經有了一個明確的目標，也就是說，你希望盡可能全面地去認識和理解一個現象或是一件事件。觀察意味着選擇一件物體、一個人、一處地點或是一個場景所具有的某些特徵，並把焦點聚集在這些特徵上，將它們放到一個更廣闊的背景之下，與其他物體、其他人、其他地點或其他場景聯繫起來。

這個世界到處是顯
而易見的東西，所
以人們從不留心
去觀察它們。

留意細節

「永遠不要相信大致的印象……，而是要將注意力集中在細節上。」

這句話最能代表福爾摩斯的工作方式。在他所破獲的著名案件中，有一宗名叫《波希米亞醜聞》。在處理這宗案件時，福爾摩斯之所以能夠找出真正的客戶究竟是誰，恰恰是憑藉他對**簡單細節**的觀察，微細如寫着見面請求的紙質、對着燈光才能看見的符號、信中所使用的動詞等。常人並不會注意這些細節，可當福爾摩斯向他的朋友華生一一道明時，它們就瞬間變得一目了然。

其實你也可以採用**相同的方法**。怎麼做呢？

觀察場景中微小的細節。

就像玩拼圖一樣，將這些細節拼砌在一起。

得出你的結論。

他們去過哪裏？

仔細觀察右邊的**3位福爾摩斯人物**。他們之間只有一些細微的差別。請說出哪一位去過海邊，哪一位去過鄉村，哪一位剛在倫敦散步。

請翻至第92頁，看看你的答案是否正確。

乍看之下

「那宗案件很有意思，」福爾摩斯評論道，「因為它告訴我們，一個看似難以解釋的問題，答案卻是很簡單。」

對於這種迷惑人的表象，福爾摩斯屢見不鮮！我們很容易被自己第一眼看到的東西困住手腳，陷入偏見和先入為主的想法。

那麼，如要避免得出錯誤的結論，我們應該採取什麼策略呢？

我們的訓練有兩個目標：

- **學會觀察**人、物、事件，不要讓自己停留在第一印象裏。
- **清楚地知道這一點**：我們的判斷會受到第一印象所影響，但與此同時，我們也該相信自己的直覺。

挑戰站

誰是罪犯？

請翻至第92頁，看看你的答案是否正確。

仔細觀察這 3 張臉，**你覺得誰是罪犯呢？**
如果你無法確定，那就試着從不同的角度看看這 3 張臉吧。

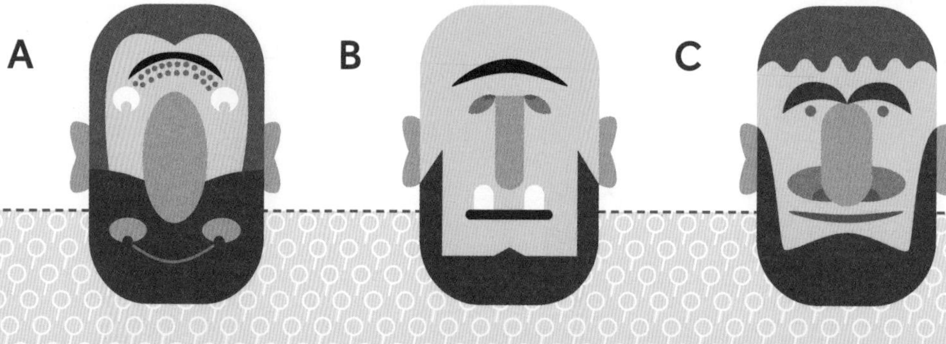

迅速的診斷

觀察往往能為福爾摩斯帶來一些初步的結論，但這還不夠。

只有在了解一件事件的方方面面之後，我們才能得出最終的結論。

其實，福爾摩斯的**查案方法**很像**臨牀診斷**。大偵探的塑造者——柯南·道爾可是醫科大學畢業的，這絕非巧合！而且，柯南·道爾還在一次訪問中表示，他是從自己的一位老師——約瑟夫·貝爾的身上獲取的靈感，才創造出福爾摩斯這個人物。

貝爾博士確信，在**醫學診斷**中需要使用一套重要的方法。這套方法主要分為以下幾個步驟：

1. 對整體進行大致的了解；
2. 對細節進行仔細的觀察；
3. 以收集的證據為基礎，給予明確的診斷。

最後，無論人們從事哪一個行業，要想得到有關一個問題的正確答案，都必須從一開始就**毫無偏見**地觀察事件。只有這樣，調查工作才不會受到限制。

身分證明文件

假設你在犯罪現場發現了以下人物：

- **一位天才**
- **一位著名音樂家**
- **一位足球運動員**
- **一位公共汽車司機**
- **一位女教授**
- **一位英國貴族**

請分別為以上的人物編寫一張身分證明文件，文件上必須包含以下特徵：

- 穿着的服裝
- 駕駛的汽車
- 最愛吃的食物
- 擁有的寵物
- 最愛看的電影

你還可以根據自己的喜好添加其他資料。

現在，請你向一位朋友讀出每一張身分證明文件上的資料，看看他是否能猜對其主人。為什麼呢？

大腦會騙人

福爾摩斯是一名**變裝魔術師**：前一天他才把自己打扮成理髮師的模樣，到了第二天，居然又搖身一變成了貴族。無論他假扮成哪個身分，都沒有人能認得出來。

其實，他使用的技巧很簡單：就是想辦法把人們的注意力轉移到他喬裝的某些細節上，從而使對方忽略另一些可能暴露他真正身分的地方。他所製造出的效果，和**視錯覺**極其相似，因為它們都把一個重要的概念作為基礎，那就是：**大腦只會看見自己想要看見的東西，並會把它理解成事實，而實際上，那只是一種幻覺。**

魔術表演就經常利用大腦的這一機能。想想那些**著名的魔術師**，他們都能利用**大腦的「分心」**，讓我們看見實際中並不存在的東西。

哈利・凱勒（Harry Kellar）是現代一位偉大的魔術師，如同福爾摩斯般神奇，甚至啟發了李曼・法蘭克・鮑姆（Lyman Frank Baum），使他創造了**《綠野仙蹤》**裏的魔法師的角色。凱勒最有名的魔術之一，就是在觀眾面前使玫瑰花瞬間綻放。

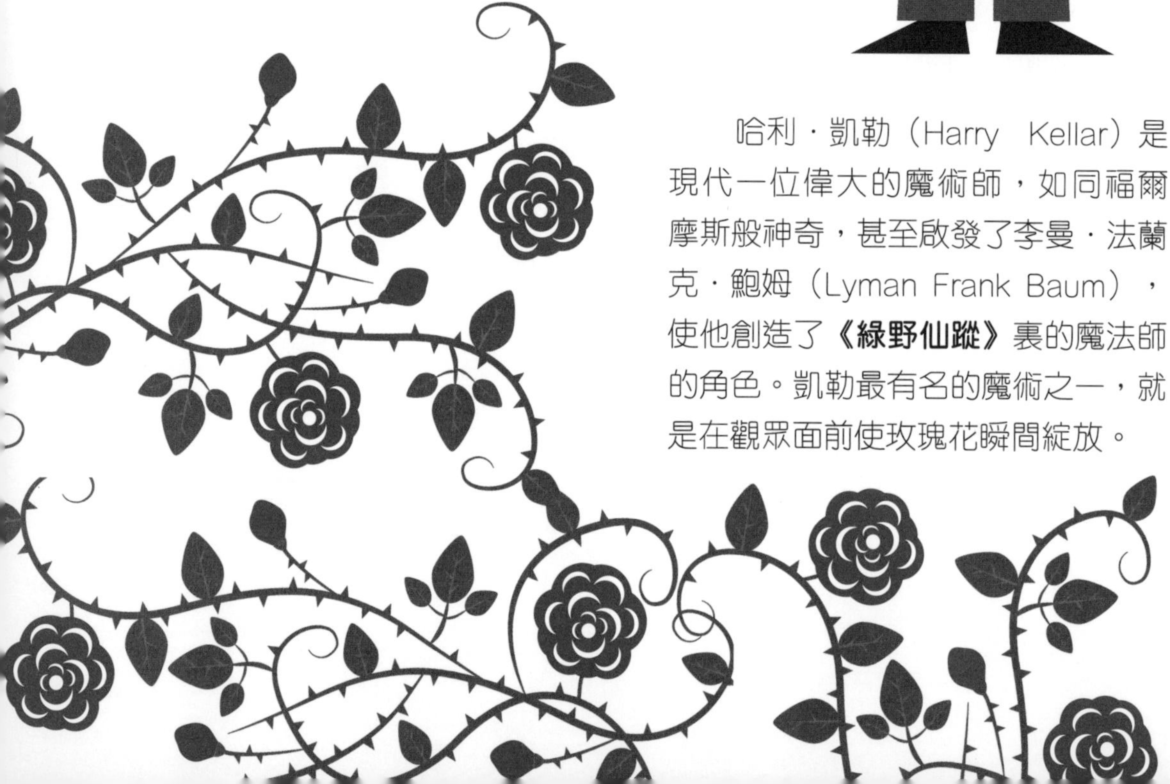

顏色的感知

我們的視網膜由3種細胞構成，稱為「視錐細胞」。每一種細胞能識別出一種特定的顏色，它們分別是紅色、綠色和藍色。

請觀察以下兩幅圖畫。在左圖中，福爾摩斯的煙斗被分別塗上了兩種不同的顏色。

現在，請用雙眼盯着右圖中的X，保持30秒。然後，請你再仔細看看左圖中的O。

發生了什麼神奇的事呢？

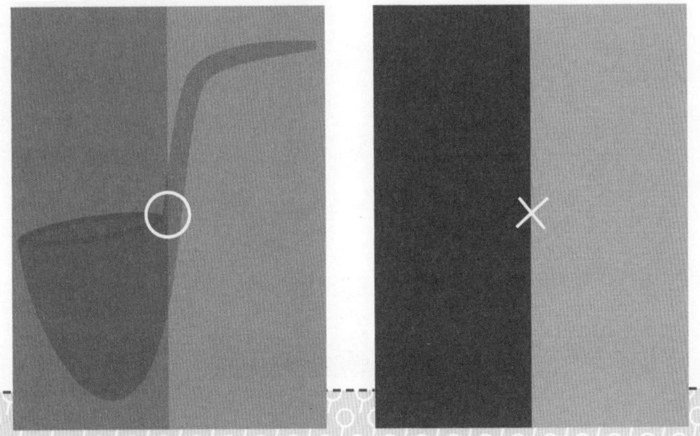

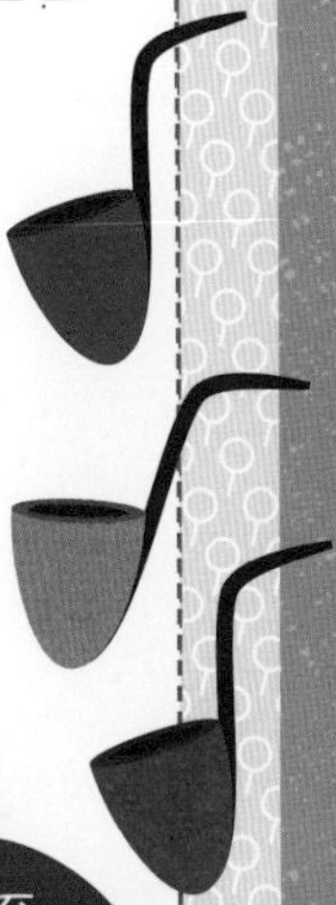

請翻至第92頁，看看你的答案是否正確。

誰需要節食？

請仔細觀察這圖。

你覺得這兩個人物，究竟誰需要節食呢？是福爾摩斯，還是他的死敵莫里亞蒂教授？

福爾摩斯的法眼

福爾摩斯還擁有另一種重要的**能力**，使他得以在工作中立於不敗之地。

他在犯罪現場具有極強的方向感。

他能想像並在腦海中描畫出房間裏曾被移動過的物品以及它們原來的位置。那些用來欺騙警方的伎倆，根本逃不過他的眼睛。

挑戰站

畫作在哪裏？

大英博物館裏的一幅畫作被人偷了！警報聲響起，小偷為了迅速逃離現場，只好將畫作丟在博物館裏的某一個地方。可究竟是哪裏呢？我們的朋友福爾摩斯已經解開了謎團。請觀察相框裏的字符，嘗試將它們組合在一起，你就能發現小偷丟棄贓物的地方。

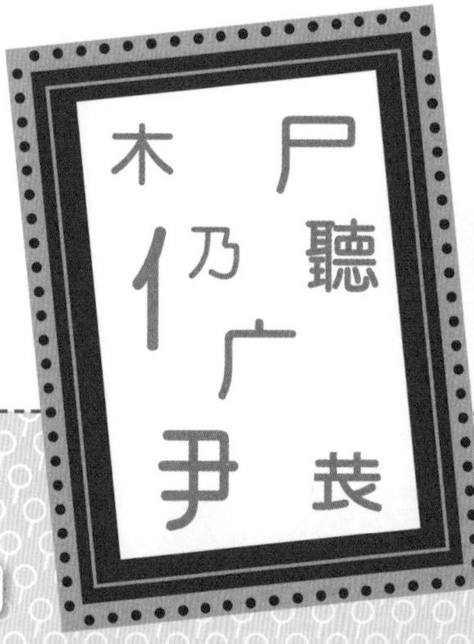

請翻至第92頁，看看你的答案是否正確。

雖然你可能會覺得奇怪，但就連你自己也一定曾運用過這種能力！你是不是曾經想像過移動自己房間裏的家具，並在腦海中想像移動家具後所呈現的效果呢？

倫敦地鐵

下圖是二十世紀初時倫敦地鐵的局部線路圖。

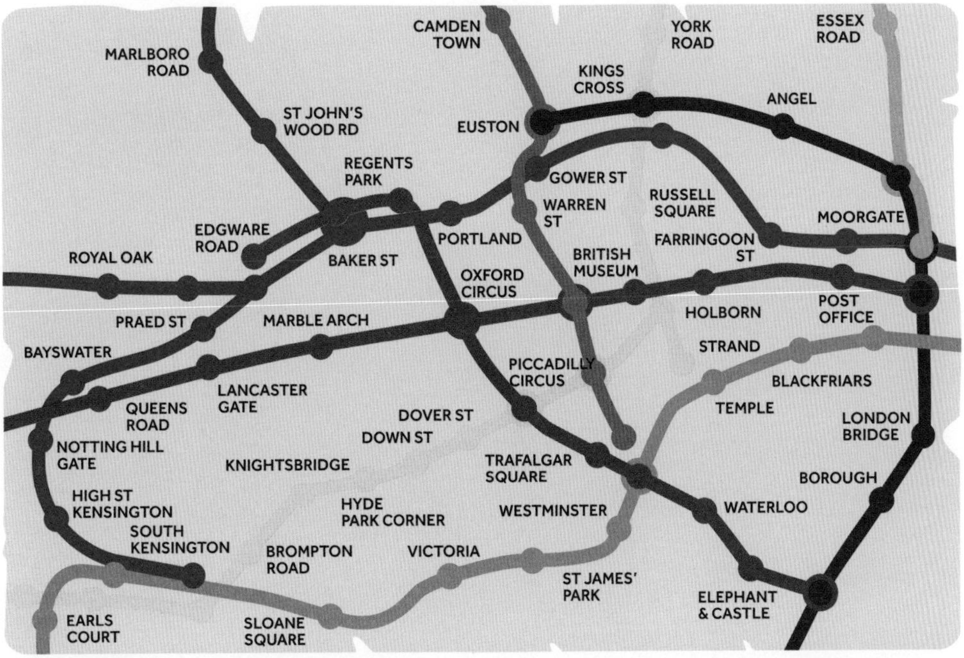

線路圖上的每一條地鐵線以不同的顏色標示。為了訓練方向感，現在你得跟着福爾摩斯坐地鐵去城裏的不同地方辦事。記住，**你只能依靠雙眼**，絕不可以使用手指或是鉛筆。

請仔細觀察線路圖，並完成以下活動：

- 尋找Warren St 站。
- 尋找Notting Hill Gate 站。
- 以最少的轉車次數，從Kings Cross站前往Piccadilly Circus站。
- 從Moorgate站前往South Kensington站。
- 如果要從British Museum站前往Waterloo站，你應該在哪一站轉車呢？
- 能不能坐同一條線從Victoria站直達Camden Town站呢？
- 紅色線路一共有多少個站呢？

身體會說話

福爾摩斯是一名優秀的身體語言翻譯家。

在《血字的研究》一案中，福爾摩斯和華生一起對犯罪現場進行了細緻的分析。最後，他們僅僅憑藉罪犯的特殊走路方式，就揭開了對方的真面目。

你也可以透過訓練來解讀身體語言（放心，不需要你去犯罪現場！）。如果你想了解有關一個人的更多信息，那麼就試着去觀察他的走路方式，注意他怎樣移動雙手，怎樣說話，或是怎樣注視你。

事實上，每當我們與人說話或是互動時，我們總會有意或無意間採用**非語言的溝通方式**。

非語言的溝通方式可以有許多種：

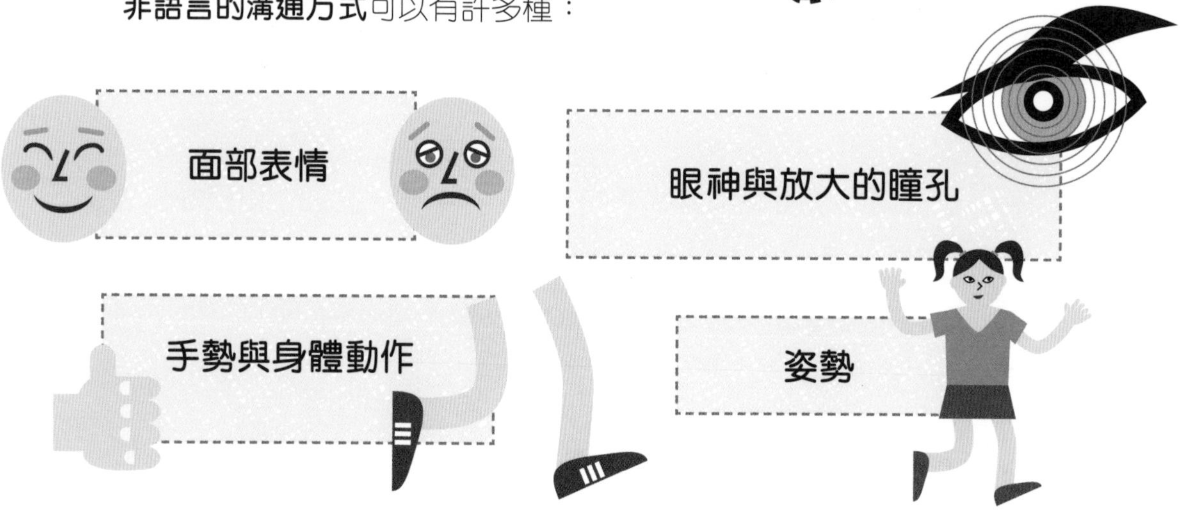

透過非語言溝通，我們可以傳遞情緒、情感和心情，表達友好、敵意、攻擊性、疑惑和暗示。

它是**一種語言**，所有人都會「說」，而且是透過各自的身體來「說」。這種語言是可以學習的，一旦掌握了，我們就能理解他人向我們傳遞的信息了。

非語言溝通

觀察下圖中福爾摩斯的身體語言，他正在傳達什麼信息呢？

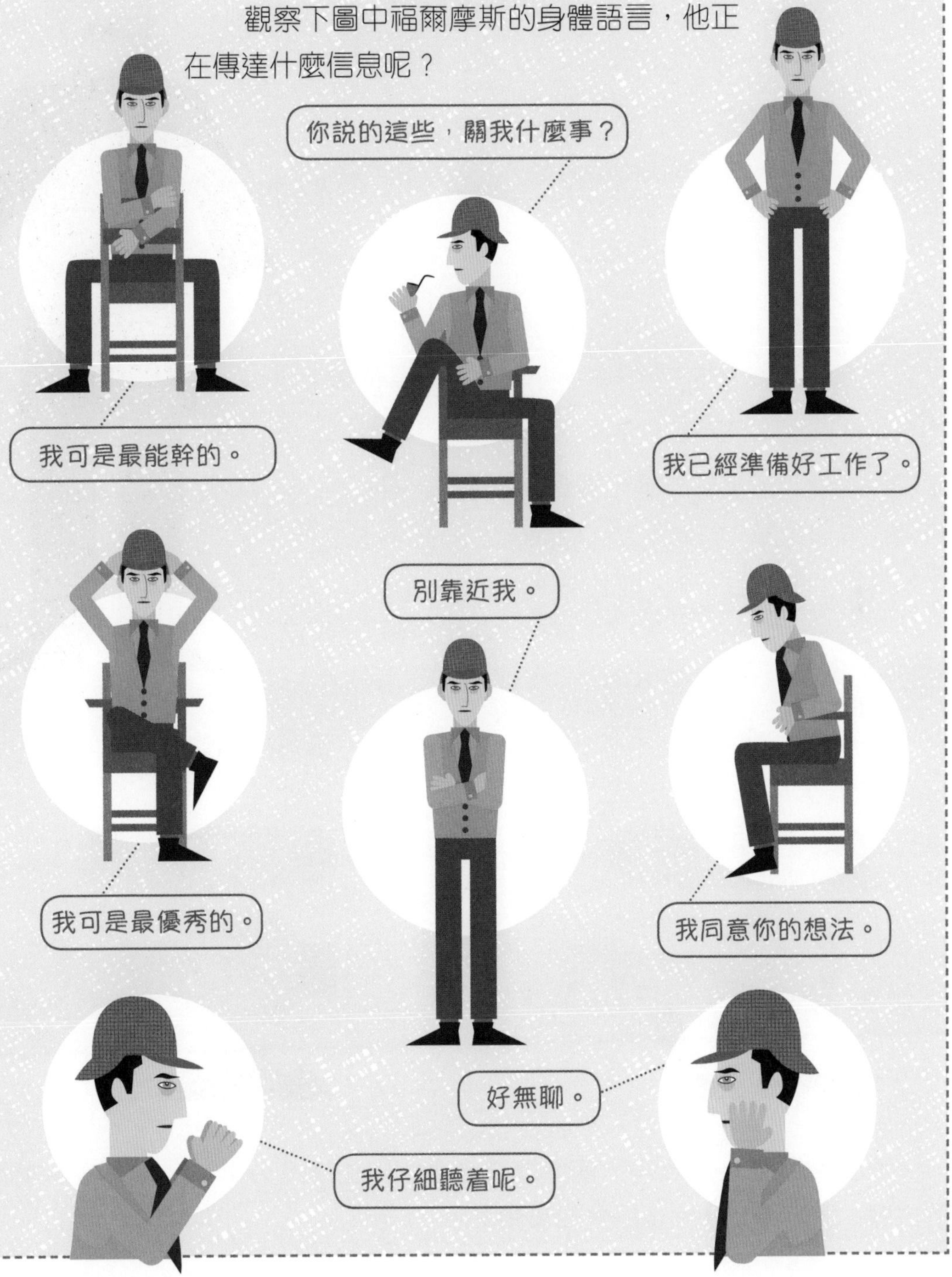
你說的這些，關我什麼事？
我可是最能幹的。
我已經準備好工作了。
別靠近我。
我可是最優秀的。
我同意你的想法。
好無聊。
我仔細聽着呢。

訓練專注力

「那時街上一個人也沒有嗎？」福爾摩斯問警察。

「是呀，正常的人早就回家了。」對方回答。

「這是什麼意思？」偵探好奇地問。

「當時街上只有一個爛醉如泥的人，我這輩子還從沒見過人醉成這樣。」

警察以為只是看見了一個醉漢，並沒有在意；可福爾摩斯呢，卻將注意力轉移到了細節上。他就這樣開始收集信息，並最終依靠這些信息破解了《血字的研究》一案。

福爾摩斯成功的關鍵是**專注力**。這是一種比「注意力」更高度集中的精神狀態，而我們常常會混淆這兩個概念。

注意力可以是：

像福爾摩斯一樣思考，會幫助你提高自己的注意力水平，尤其能訓練你的大腦，使它專注在你正觀察的事物上。

集中注意力

福爾摩斯最重要的特質之一，是能夠**將注意力集中**在部分的細節上。這是有意識的專注，而這樣做的目的，是為了尋找更多有用的信息。

集中注意力能使我們專注於細節。透過這種注意力，大腦會將信息記錄到外顯記憶（有意識的記憶），並加強神經元之間的**聯繫**，或**突觸**。

緊接着，**外圍注意力**就會被激活。這種注意力能使我們看到整體。這時你也許會發現，還有其他值得專注的元素。

這兩種不同水平的注意力會產生相互作用。正是因為它們之間的相互作用，福爾摩斯才能發現並回憶起許多的細節，而這些細節，往往是被大部分人所忽略的。

挑戰站

請翻至第92頁，看看你的答案是否正確。

福爾摩斯在哪裏？

快來尋找貝克街的大偵探。**你在下圖找到了多少個福爾摩斯？**

全神貫注

19世紀的倫敦，又吵又鬧又擁擠。在那樣的地方工作，即使對福爾摩斯來說，也一點兒都不輕鬆，畢竟，要處理那些錯綜複雜的案件，可容不得絲毫的分心。我們的這位大偵探自然清楚這一點。正因如此，他會經常去一些擁擠的地方，嘗試把自己與周圍隔絕開來，以此來**訓練專注力**。

福爾摩斯對一件事深信不疑，那就是：注意力是可以透過練習來提高的。事實上，他總愛把可憐的華生當作試驗品，透過向對方提問來檢驗自己所取得的進步。

高水平的訓練應包括：

選擇

你需要專注於哪些細節？你必須進行篩選。

引導

你必須在適當的時候將注意力引向相關信息。

保持

你需要將注意力保持在重要的刺激來源上。

挑戰站

隨身記事簿

想要最大限度地開發潛能，有一點很重要，那就是：**清楚地意識到自己的行為**。

從現在開始，對自己每天的行為做一個記錄，看看你是否能回答以下這些問題：

- 在閱讀本頁時，你的精神集中水平如何？
- 你的思緒是否曾轉移到別的事情上？你能回憶起這樣的情況一共發生了多少次嗎？
- 你的注意力有多少次達到以上高水平訓練的要求呢？

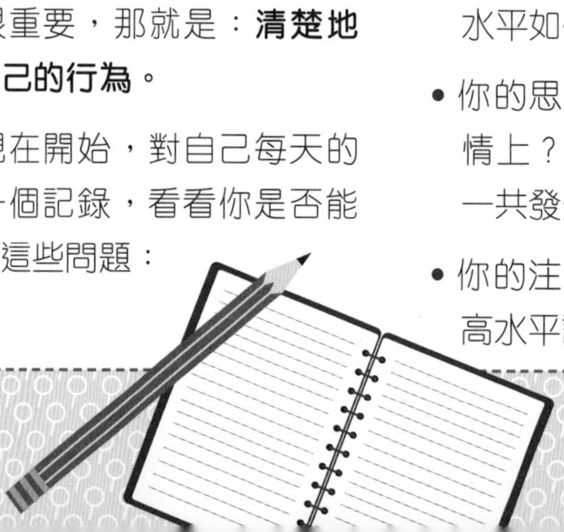

《榮蘇號》上的謎團

在《榮蘇號》一案中，福爾摩斯又一次憑藉自己超強的注意力，解開了一個幾乎不可能解開的謎團。

事實上，這位倫敦偵探建立了一種工作方法，而多年以後，這種方法得到了科學研究的證實。

為提高大腦的專注力而進行的**心理活動**一共有 **4 項**：

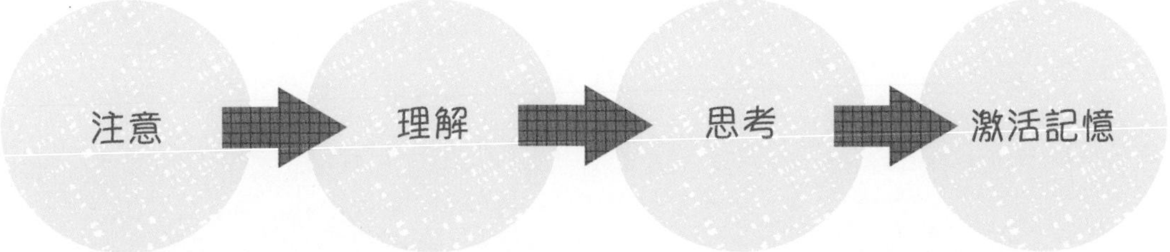

這4項活動是彼此關聯的：關於注意力，我們已在前幾頁中作出介紹；至於記憶，我們會在稍後的篇章集中講解。不過你已經知道，記憶是透過**集中注意力**來激活的。

如果現在福爾摩斯就在我們的面前，那麼他一定會說：要完整地了解犯罪現場，我們還必須掌握另外兩項重要的信息！

運用智慧弄清一個問題

想要理解一則消息，光聽或光看都是不夠的。你需要弄清某些特定說法的含意，還需要參考以前學到的知識與概念。這樣，你就能找到最重要的元素了。

專注地考慮一個問題

想要解開一個疑團，例如弄清一個遊戲的規則是否可行，就需要從不同觀點進行比較，得出多個解決方案，並從中選出最適合當下條件的那一個。

追尋足跡

無論是人還是動物的腳印，是車轍還是指紋，福爾摩斯都能以一種特別的方式**觀察它們**，並將它們變成有用的破案線索。

為了學會大偵探的思維方式，現在就讓我們試着去分析一些他曾經處理過的案件，怎麼樣？

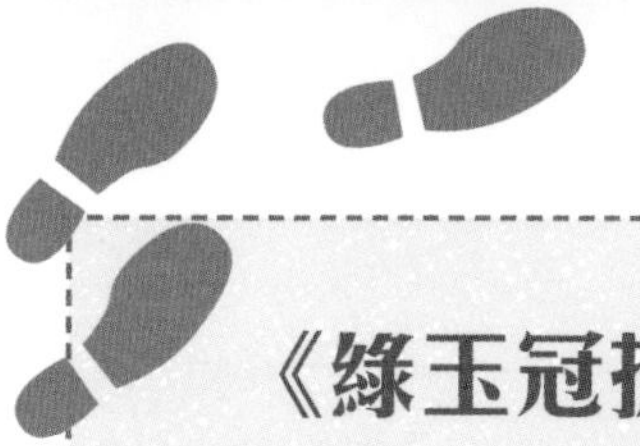

《綠玉冠探案》

為了找出小偷並尋回王冠丟失的部分，福爾摩斯將注意力集中在曾和犯罪現場有過接觸的外人。

破案的關鍵因素是小偷和追捕者留在雪地上的**腳印**：他們一個穿了靴子，另一個則光着腳。兩行腳印雖然混雜在一起，但腳印的深度和分布告訴福爾摩斯，那個沒有穿鞋的，是追捕者。

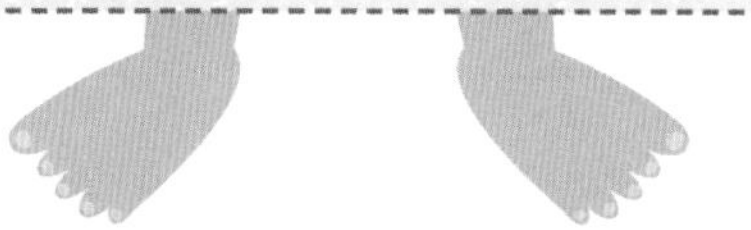

挑戰站

指紋遊戲

你需要：鉛筆、鉛筆刨、膠紙、容器、白紙、玻璃杯、小掃子

準備工作：在容器內，利用鉛筆刨，收集一些鉛筆的鉛粉。

遊戲1：用手指蘸一些鉛粉，按壓在白紙上，就可以取得自己的指紋。

遊戲2：用手指蘸一些鉛粉，按壓在清潔的玻璃杯上，然後取一塊膠紙輕輕蓋在杯上有鉛粉的地方，就可以取得玻璃杯上的指紋。

遊戲3：首先，用略為濕潤的手指按壓在白紙上，留下你的指紋。然後，在表面灑些鉛粉，並輕輕地用小掃子掃走多餘的鉛粉，就可以在白紙上清楚看見自己的指紋。

福爾摩斯的方式

貝克街的偵探總結出一套**多個步驟的方法**，這套方法特別針對印記，步驟如下：

1. 搜索印記 2. 追蹤印記 3.複製印記

4. 測量印記 5. 重建犯罪過程 6.與疑犯的腳印進行對比

7. 找到答案

《修院學校探案》

一位名叫海德格的教授離奇失蹤了，與此同時一位學生也告失蹤。在查案過程中，福爾摩斯與華生發現了教授的單車所留下的**痕跡**，而這也成了破案的關鍵。循着車痕，他們在距離學校很遠的地方發現了教授的屍體。

《駝者》

查巴克萊上校被發現死於家中客廳，而所有線索都指向了他的妻子。只是，和大多數情況一樣，我們再一次被表象欺騙了。最後，福爾摩斯憑藉一隻鼬鼠的**爪印**揭開了案件的真相。

挑戰站

是什麼印記？

請翻至第92頁，看看你的答案是否正確。

請將下圖中的印記與對應的物件用線連起來。

- 狗
- 單車
- 馬
- 鼬鼠

- 皮鞋
- 高跟鞋
- 腳掌

從注意力到專注力

當福爾摩斯與華生在《血字的研究》一案中第一次見面時，偵探問醫生平時有哪些習慣。當得知華生討厭吵鬧時，福爾摩斯急切地問道：

「你討厭拉小提琴的聲音嗎？」

「要是拉得不好，那真是難以忍受，可要是拉得好，那真是像仙樂一般動聽。」

「好！那我就可以繼續透過拉小提琴來集中精神了。」

專注是一種能力，也就是在**預期的時間裏**將注意力保持在一件任務或是一個問題上，並與**外界干擾**完全隔離。

你什麼時候會用到專注力呢？

無論是做功課、進行一項運動或是學習一個新遊戲時，都需要專注力。

你可以透過訓練來取得、培養並加強專注力。以福爾摩斯為例，他的訓練方法就是拉小提琴，或是躺在沙發上盯着一個固定的點進行沉思。

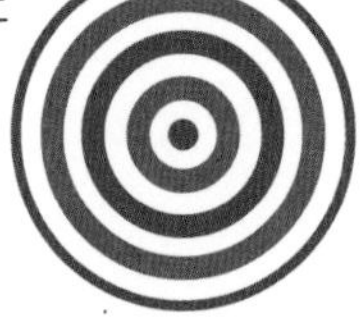

挑戰站

廚房計時器的技法

我們的目標是提高注意力，在一段規定的時間裏，將注意力集中到一件明確的任務上。

- 拿一個廚房計時器來：你能在市面上找到各種不同形狀的計時器，例如番茄或雞蛋形狀的計時器。
- 設定10分鐘計時，然後將精神集中在你手頭上的任務（例如：做功課），直到計時器響起。
- 每次都在原來的時間上增加5分鐘，直到35至40分鐘。如果你想提高工作效率，這可是最理想的辦法！

維持專注力

在《巴斯克維爾的獵犬》一案的調查過程中，福爾摩斯曾要求華生替他把窗關上，否則他就很難集中精神。儘管大偵探在這方面已經擁有超強的能力，但即使是他也不得不承認：要使大腦進入最佳的狀態，我們就必須創造出一個合適的環境。

沒有受過訓練的大腦就更難保持專注了，因為它很容易受到**周圍環境**的影響。

專注的時間是有限的：當專注力到達頂峯時，便會開始走下坡。

除了來自外部的**感官刺激**，專注力的敵人還可能是來自內部的焦慮或擔心。即使是愉快的回憶也會使我們分心，將我們的思緒帶到別處。

正是因為承認了**情緒**的重要性，福爾摩斯才會認為：查案是或應當是一門嚴謹的科學，應該以冷漠和非情感的方式去對待它。

訓練專注力的10個練習

煙斗　小提琴　獨處

踱步　集中精神

以上都是幫助福爾摩斯集中精神的「工具」與方法。我們這裏還有一些其他的方法可以推薦給你，它們可都是經過心理學家和專家證實的。

桔子技法

想像自己的手裏有一個桔子，並想像它的氣味、重量和溫度。將它從一隻手轉到另一隻手上。接着，用右手拿起它（如果你是左撇子，那麼就用左手拿），將它放到頭頂上……放心，它不會掉下來的，因為我們只是想像而已！

現在，請你閉上眼睛，想像桔子就好端端地頂在你的頭上，而你自己，只管將精神集中在呼吸上；接着，慢慢地伸出手臂，擁抱你周圍的一切。在練習結束時，你會發現自己的狀態是既放鬆又專注的。

觀察雙腳

從軀幹開始，將注意力慢慢下移，直到集中在你的腳趾頭上。在思緒穿過你全身的同時，你的專注力也得到了提高。

休息

別忘記每工作40分鐘，便要休息一下。

工作計劃

在開始一項工作前，先列出清單，寫下你需要做的事。

筆記

隨身携帶一本筆記簿，這樣你就能隨時記下活動開始的時間，列出你正在做的事情，寫下進度，並在每一次分心時做一個記錄。這樣能幫助你更好地了解自己。

最小的目標

在你的工作清單上寫出你需要實現的目標。如果你所面對的是一項複雜的工作，那麼就把它拆分成不同的步驟，並設定一些中期目標。

數字數

隨意翻到這本書的任何一頁，數數那一頁有多少個字。你只能依靠眼睛，不可以用筆或是手指啊！

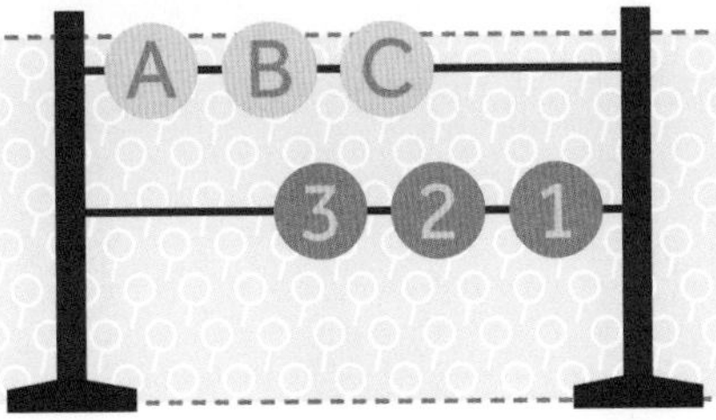

改變習慣

日常生活中的小小改變會幫助我們增強自己的意志力。試換另一隻手來刷牙，換一條路線回家，每天早起10分鐘，品嘗一種你從未吃過的食物……還有許多其他的小舉動，你都可以去嘗試啊！

倒數

從100默數到1，第2次倒數如是，第3次時則以3個一數來倒數，即100、97、94……

幾何萬歲！

在一張紙上畫出一個幾何圖形，不要太大。然後把它塗上顏色，並將精神集中在上面。

先從你最喜歡的練習開始吧，哪怕每天只有短短幾分鐘的訓練也行。即使最初的效果並不理想，你也不用擔心。學習應該是**循序漸進，持之以恆**的。

訓練動力

「華生，我告訴你，對我來說，無聊可要比任何的疾病都危害健康。」

福爾摩斯清楚地意識到：我們時刻都需要**新的挑戰**，以此來激發我們的動力，使我們的大腦時刻保持在最佳狀態。

為了更好地理解他的看法，請先思考以下問題：

- 是什麼促使我們取得意料之外的結果呢？
- 是什麼促使我們投入比預期更大的努力呢？
- 是什麼促使我們將注意力集中在一件事情上呢？

動力

這個詞語好像具有魔力一樣，無論在哪個領域——學習、工作或是運動——它都能給予我們力量，幫助我們去實現目標。

動力分為兩種：一種是**內在的**，和興趣、好奇心或求知慾有關；一種是**外在的**，和社會認同、分數、收入等有關。

挑戰站

動力圖表

- 在一張紙的中央畫一個圓形，在圓形中央寫上**「動力」**這兩個大字。
- 在圓形的外圍，畫7條放射線。
- 現在請你仔細思考，有哪些東西會激發你的動力。請你把它們寫在每一條放射線的末端。

你看見目標了嗎？

福爾摩斯曾經說過這樣一句話，不僅讓我們拍手叫好，還讓我們明白，這位大偵探最強的動力，究竟是什麼。

「我的人生沒有其他，只有為擺脫庸碌的存在狀態而不斷付出的努力。」

對福爾摩斯來說，這樣的努力就是他活着的理由。這種持續不斷的刺激，能使他的每一天都充滿樂趣，從來不會覺得無聊。

請你再讀一遍福爾摩斯的這句話。你會發現增強動力的第一條規則：

確定你想要實現的目標

要實現一個目標往往並不容易，因為它需要你思考出一個全面的**策略**。

和福爾摩斯一樣，你也需要在腦海中描畫自己的目標，並想像：要取得最終的結果，你該把它分成幾個步驟來完成。我們建議你使用**金字塔方法**：它是由著名心理學家亞伯拉罕・馬斯洛（Abraham Maslow）所創立的。

攀登金字塔

請繪畫一座金字塔，就像下面這座。

請在金字塔頂端寫下最終目標，例如「**成立一支樂隊**」；在下面各級台階上，從最底部開始，寫出實現這個目標所需要經過的所有階段。

這種方法可以使你着手實現更簡單的中期目標，並在過程中不斷增強自己的動力。

可能，還是不可能？

如果要在福爾摩斯和華生所有的查案故事中搜索「不可能」這個詞語，我們也許會找到一百多次。然而，對於貝克街的這位大偵探來說，似乎沒有什麼是不可能的！

如今我們都已知道，在面對一個看似無法解開的謎團時，天才福爾摩斯總能找到答案，這是因為他有動力。而他的動力，就是來自破解疑案的慾望。福爾摩斯總是不斷尋找着疑難雜症。**對於挑戰的渴望**，就是他動力的泉源。

你覺得自己的目標不可能實現嗎？

其實，最終的結果往往並不取決於實際中的困難，而是取決於你自己和你的**心理態度**。如果你不去做，你又怎麼知道，那些看似不可能的事，是真的不可能呢？

挑戰站

不可能的傳記

由古至今有許許多多的人物，從曼德拉（Nelson Mandela）到馬丁・路德・金（Martin Luther King），從居里夫人（Madame Curie）到馬拉拉・尤薩夫扎伊（Malala Yousafzai）等等，他們都完成了「不可能」的任務。

請搜索這些人物的故事。這些偉人的傳記往往能給予我們靈感和動力，激勵我們去實現自己的目標。

任務與愛好

根據華生的說法，福爾摩斯的愛好包括：

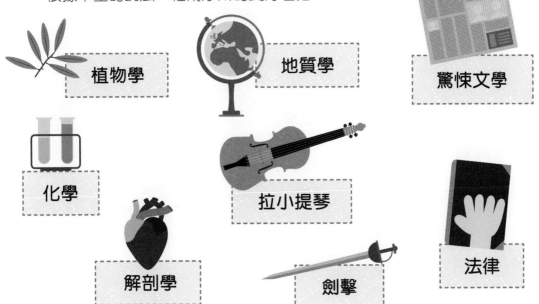

植物學

地質學

驚悚文學

化學

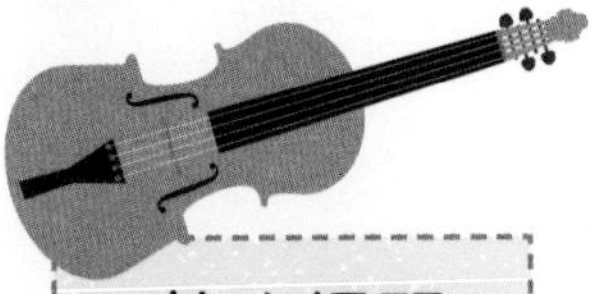

拉小提琴

法律

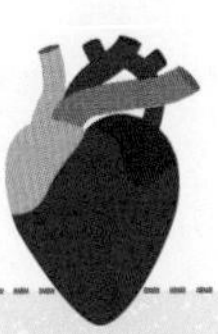

解剖學

劍擊

有沒有一個話題或是人物讓你特別喜歡呢？你有沒有收集過有關他們的一切文章，然後將它們做成剪報，一一珍藏呢？

也許你的回答是肯定的，而促使你這樣去做的，一定是你的**愛好**，也就是你對一件事物的喜愛。

愛好這東西……

如要增加動力，有一點很重要，那就是：更好地了解自己。所以，你的下一個任務是動動腦筋，試試用以下句式，造出至少10句句子：

愛好這東西，會……

你是不是需要一個例子呢？

愛好這東西，會*使你變得準時*。

好啦，請你繼續吧！

光有天賦是不夠的！

福爾摩斯實在是個古怪的人：他總是不分晝夜地拉小提琴，又總能破解任何的陰謀詭計。即使如此，他的房東哈德森太太仍然被他的個性與才華所深深吸引，並對他寬容有加。

客觀地說，福爾摩斯是個很特別的人：他所取得的成就讓人望塵莫及。然而，在許多人看來，這一切全都是由於他有過人的天賦。

可是，福爾摩斯的成功，真的只歸功於他**與生俱來的天賦**嗎？天生的才華固然重要，可光有天賦是不夠的。

要想登峯造極，就得學會挑戰極限。

怎麼做呢？就如以下：

- **重複鍛煉**能夠幫助你取得進步：如果你可以自覺又積極地去鍛煉，效果會更加顯著。
- **不要停下**：一次怎麼夠？你得不停地重複，重複，再重複地嘗試。
- **尋求反饋**：它能幫助你去發現，自己是不是正在進步，距離目標還有多遠。
- **找出**自己的弱點，試着去克服。
- **要記住**你在過程中可能很辛苦，但當你到達終點時，你一定會對自己更加滿意。

福爾摩斯的海報

你怎麼就沒想到把福爾摩斯當作你最好的教練，陪伴你度過一天又一天的訓練呢？與任何一位受人尊敬的教練一樣，福爾摩斯也會在關鍵時刻給予你動力。真的可以嗎？

當然啦！你只要做一張**勵志海報**，把大偵探的照片和他說過的一句名言放上去就可以了。我們已經替你挑選了兩句，不過你也可以在網上找找，或許能找到更合你心意的名言。

理清思路的最好辦法，
就是把它們解釋給
另一個人聽。
不起眼的小事往往最重要。

孤獨的旅行

下圖中有10輛馬車，分別載着福爾摩斯和他的伙伴華生。請找出唯一無法配對的**兩輛馬車**。

請翻至第93頁，看看你的答案是否正確。

保險箱密碼

又有一宗案件需要破解！可是，證據都在保險箱裏。你必須去犯罪現場找到保險箱上的這4種物品，並分別點算它們的數量，然後把數字寫在每件物品下方的空格裏，就可**得到正確的保險箱密碼**。

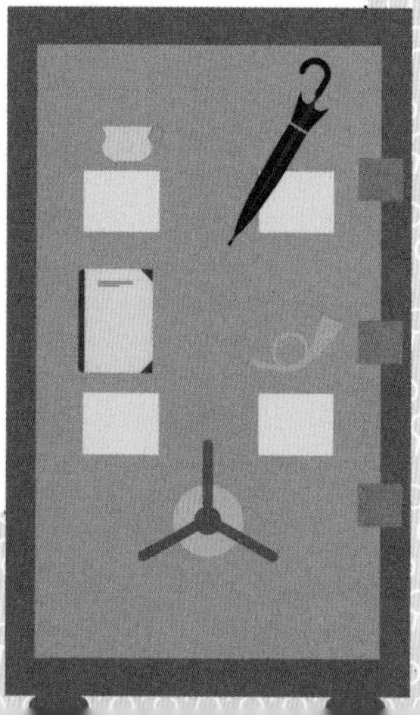

兩條特別的線索

小偷將**兩件物品**遺留在犯罪現場。請你仔細看看下面的物品，然後再看看哪兩件沒有出現在右邊的圖畫中，這兩件就是小偷遺留下來的。

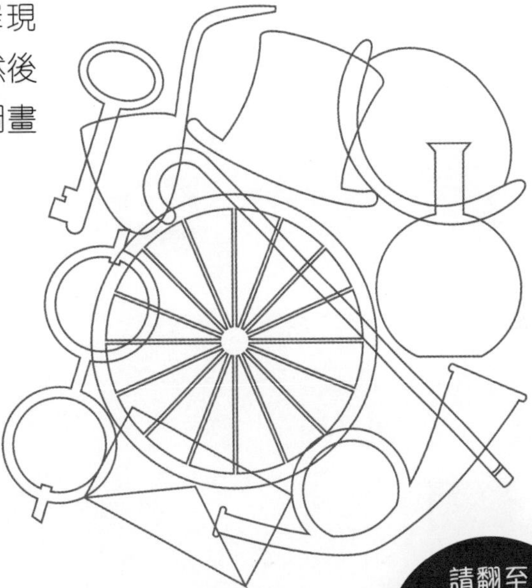

請翻至第93頁，看看你的答案是否正確。

破鏡重圓

為了幫助福爾摩斯重新拼砌巴斯克維爾家中的鏡子，請你數一數，鏡子究竟摔成了**多少塊碎片**。注意，不可以用手指、筆或其他東西幫助你數數或標記，只能用眼睛看啊！

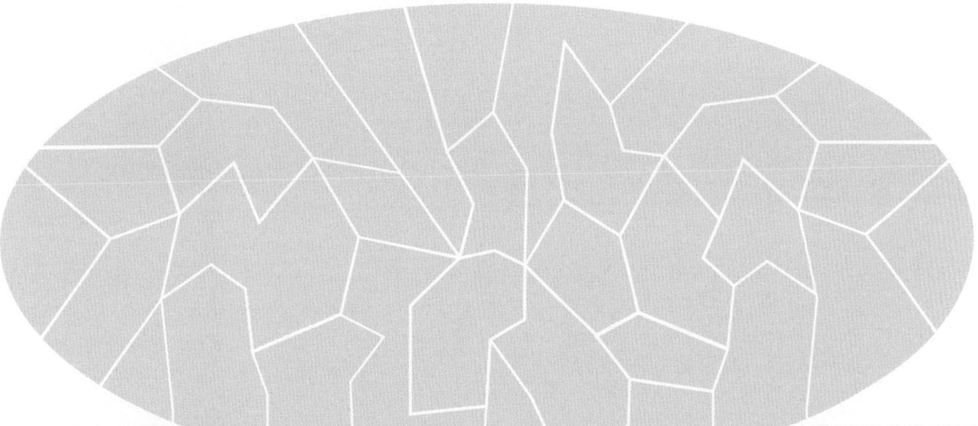

挑戰站

偵探的住所

請翻至第93頁，看看你的答案是否正確。

下面的這些拼塊，哪些是屬於福爾摩斯住所的呢？請找出正確的拼塊，記下它們的代表字母，你就能知道**福爾摩斯的住址**啦！

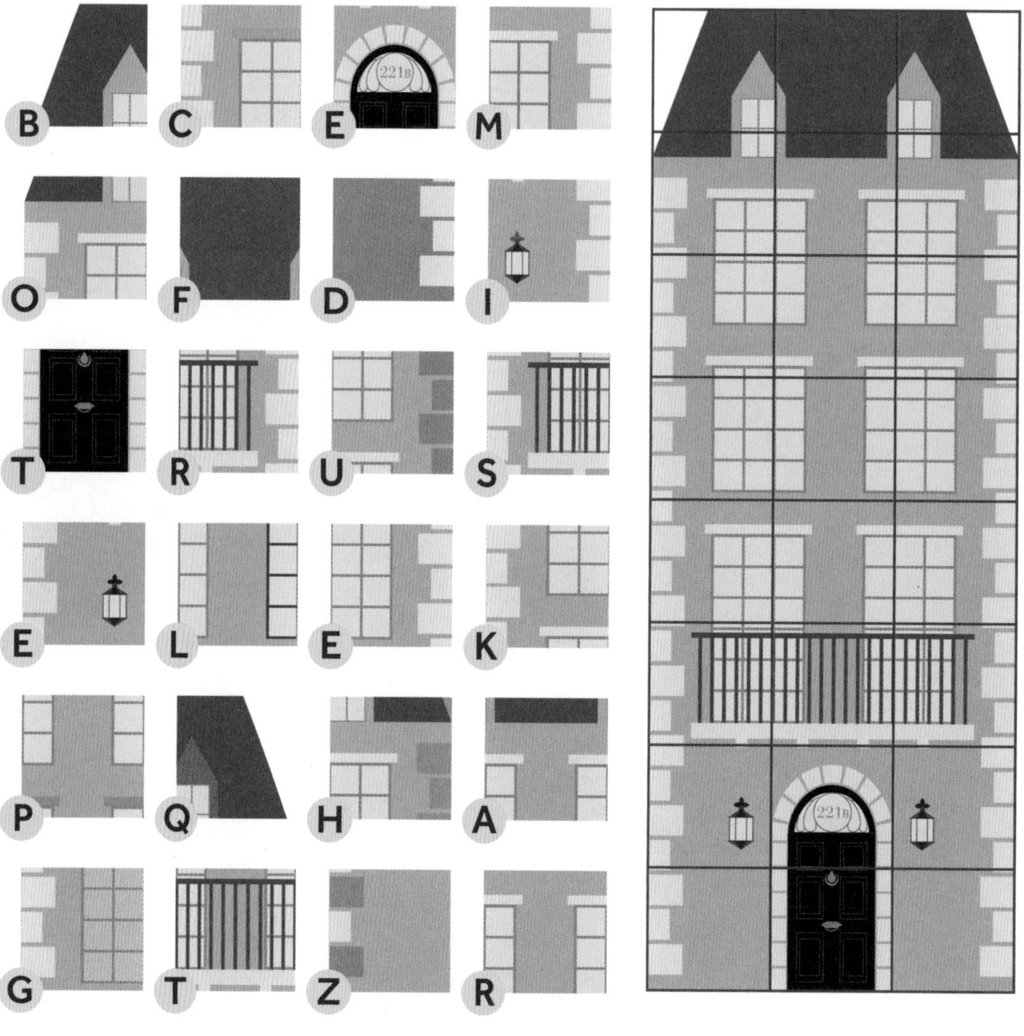

福爾摩斯的住址是：

煙斗的謎案

右圖是10根煙斗重疊在一起。請仔細觀察，從上至下，寫出它們疊放的**順序**。

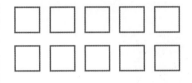

□□□□□
□□□□□

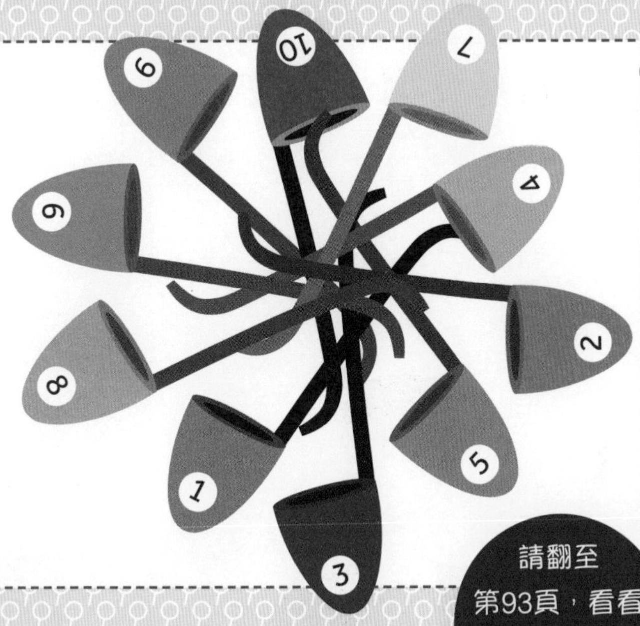

請翻至第93頁，看看你的答案是否正確。

貝克街幾號？

福爾摩斯住在貝克街幾號呢？請從起點出發，找出通往大偵探住所的正確道路，並把途中遇到的數字加起來，你就知道該在哪個**門牌號**前停下啦！

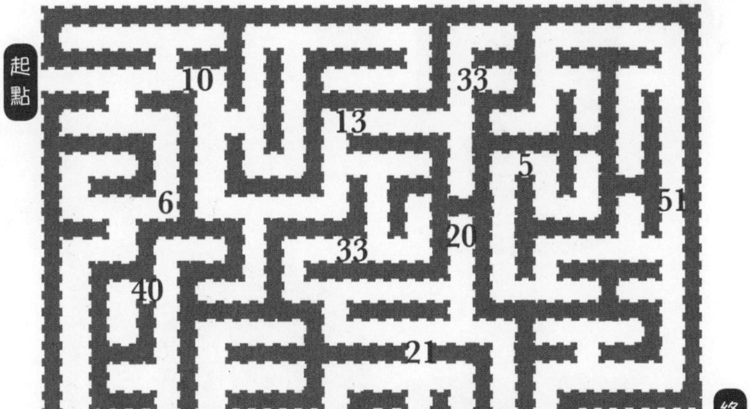

顯而易見啊，華生！

福爾摩斯發現有人假冒他的伙伴華生！他發現一共有**13處不同的地方**，從而拆穿了騙局。你能一一找到嗎？

太奇怪了……

下圖中有**6件物品**不可能出現在福爾摩斯的時代。你能把它們找出來嗎？

請翻至第93頁，看看你的答案是否正確。

快打開！快打開！

下圖中只有一把鑰匙能夠打開「紅髮會」所在地的大門，你知道是**哪把鑰匙**呢？

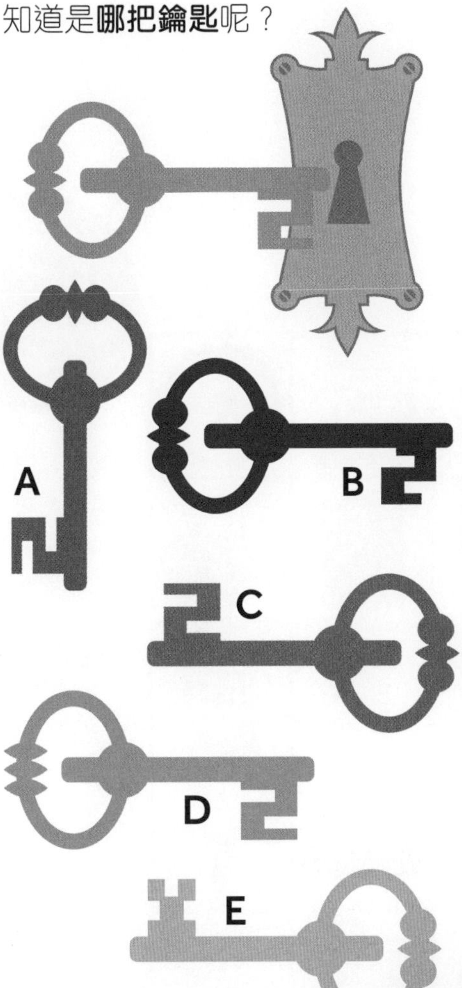

救命密碼

莫里亞蒂教授誘騙福爾摩斯喝下了一杯毒藥！製作解藥的材料分別藏在6所郵局，而這些郵局分布在英國的6座城市裏。請把缺少的元音（A、E、I、O、U）填入下列詞語中，你就知道是**哪些城市**了，快去拯救福爾摩斯吧！

LOND□N

GL□□CESTER

OXF□RD

SOUTH□MPTON

L□VERPOOL

LEICEST□R

請翻至第94頁，看看你的答案是否正確。

粗心的小偷

請找出小偷在犯罪現場**遺留下的物品**。從畫有鑰匙的方格出發，根據坐標移動。數字代表移動的格數，中文字代表移動的方向。例如，「3東」表示你必須向右移動3格，「2南」則表示你必須向下移動2格。

坐標：

3東 • 3南 • 1東 • 2北 • 4西 • 4南 • 2東 • 1北 • 1西 • 2北 • 3東 • 2南

請翻至第94頁，看看你的答案是否正確。

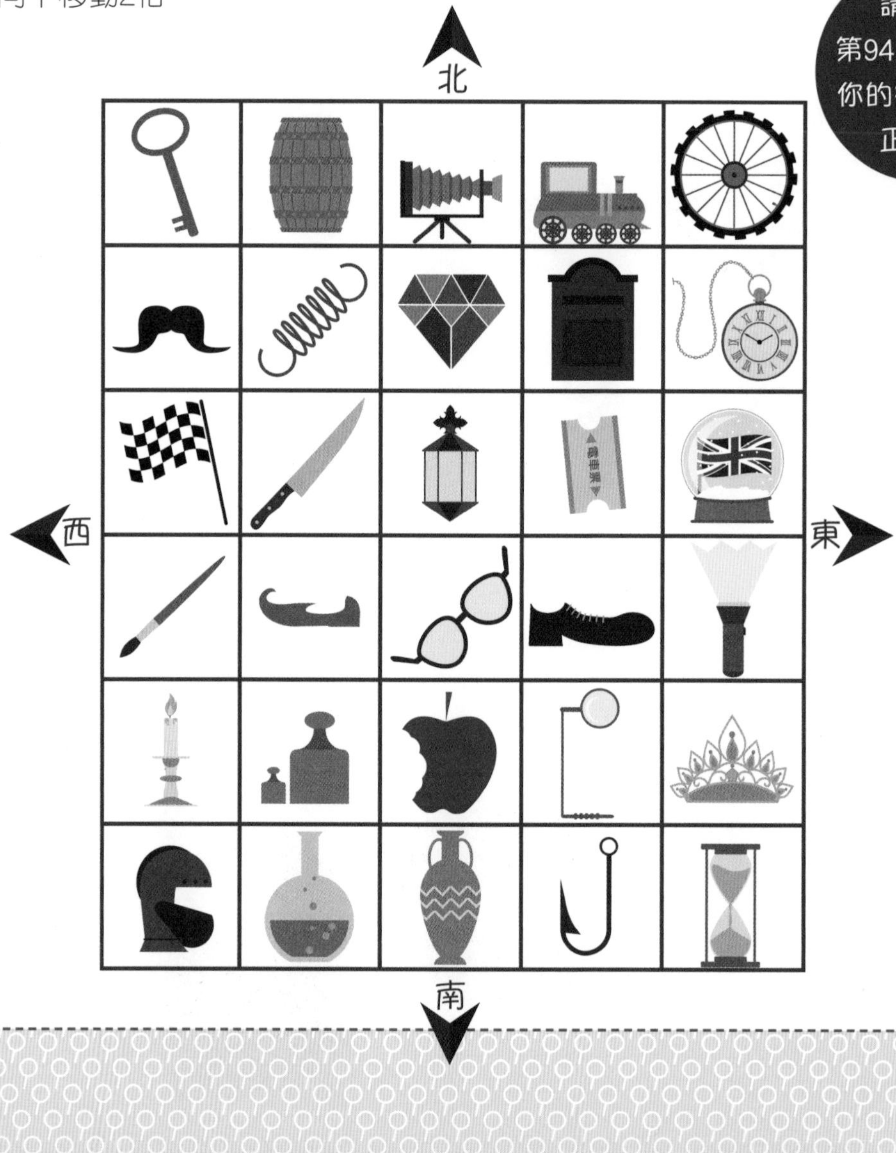

福爾摩斯的物品

在下面這幅圖中你能發現許多物品，它們都和福爾摩斯的生活與查案工作有關。大部分物品只出現了1次，**但有2件物品出現了2次，還有1件物品出現了3次，你知道是哪幾件物品嗎？**

請翻至第94頁，看看你的答案是否正確。

匿名信

在漫長的職業生涯中，福爾摩斯曾拆開過幾十封匿名信。具體是**多少封**呢？請**數數下圖中的字母**共有多少個，你就知道答案了！

訓練想像力

福爾摩斯擁有一種超凡的能力，他查案時總能展開**奇思妙想**。他才不像倫敦警察廳總部蘇格蘭場的兩位探員——雷斯垂德與格雷森，他們辦事時總是毫無頭緒，還缺乏想像力。福爾摩斯在解釋自己破案方法的時候，曾不止一次強調：對他來說，想像就意味着在腦海中重演發生過的事，重建犯罪現場，然後找到真相。

「在排除掉一切不可能的事情之後，剩下的，即使再令人匪夷所思，也是真相。」

大偵探究竟是怎樣排除「不可能」的呢？答案很簡單：

就是透過想像！

挑戰站

什麼線索？

在《紅髮會》一案中，傑貝茲·威爾遜把自己遇到的一件怪事告訴了福爾摩斯。原來，威爾遜被一個名叫紅髮會的神秘組織錄用，每天待在一間辦公室裏抄寫《大英百科全書》。可是有一天，他發現辦公室的大門居然緊緊上鎖，門上還有一張告示牌，上面寫道：「紅髮會已經解散。」

請你以右邊的紅色線條作為基礎，一邊完成圖畫，一邊試着想像：福爾摩斯究竟發現了什麼。請記住，你有充分的創作自由。你的目的並不是破案，而是**想像出一個顯示了一小部分的物體**。

時刻活躍的大腦

因為有了**神經成像**（一種大腦磁共振）的技術，我們可以拍攝下大腦活動和運作的照片，還可以研究：在我們的動作和大腦特定區域的神經元活動之間，究竟存在着怎樣的聯繫。

我們已經知道，大腦分為兩個半球，而每個半球都有各自不同的任務。

讓我們試着想像**福爾摩斯的大腦**。

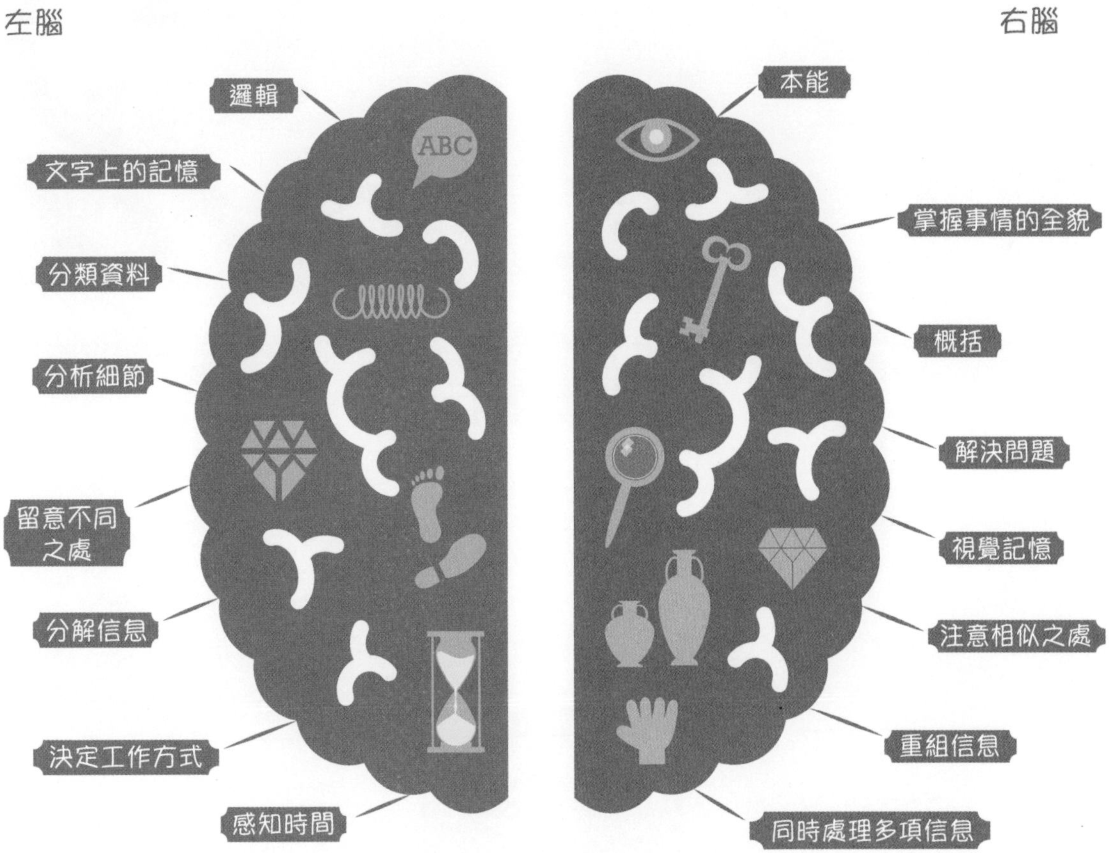

大腦各區域間的協調工作，是福爾摩斯和其他天才的大腦所共同具備的特點。

是科學還是科幻？

我們可以把福爾摩斯視為「**科學偵探家**」：他不僅精通化學，對植物學、解剖學、彈道學和筆跡學也深有研究。福爾摩斯發明了一種方法，而在幾十年後，這種方法成為了重要的破案手段。那就是**鑑識科學**，也就是在傳統調查中運用科學的技術與手段。

無論是福爾摩斯，還是在他之後出現的那些小說和電視主角，在調查案件的時候，都採用了這樣的技術。後來，這些技術真的變成了事實，而科幻也就此成為了科學。

挑戰站

星際旅行

作家朱爾凡·爾納（Jules Verne）曾在自己的一本小說裏講述人類的登月之旅，甚至還想像出一艘宇宙飛船和它的運行軌道。直到多年以後，小說中的情景才變成了事實，而想像又再一次領先了科學。

現在輪到你啦！快寫一篇關於**火星之旅**的故事吧！

首先，請你收集有關這個紅色星球的資料，並確定旅行的天數，還要想想會有哪些問題需要克服；接着，請你動動腦筋，思考幾套創意性的解決方案，例如：發明一些還未問世的電腦和火箭。

考驗你想像力的時候到啦！說不定有一天，你的幻想會變成現實呢！

遊戲而已？

遊戲開始了。

這是福爾摩斯在辦理《格蘭居探案》時所說的話。透過這句淡定的話語，福爾摩斯想要告訴同伴：他已經準備好去解開那宗兇殺案件了。

對他來說，查案就如同一場遊戲，只要發揮**自己的最高水平**就行。這個辦法幫助他破解了許多錯綜複雜的案件，這也正是我們想要給你的建議。

當你暫時無法解決一個問題的時候，就試着想像：這不過是一個電腦遊戲，而你所要做的，只是闖關而已。

你會發現，你的擔心和焦慮慢慢不見了，而目標呢，卻離你越來越近。

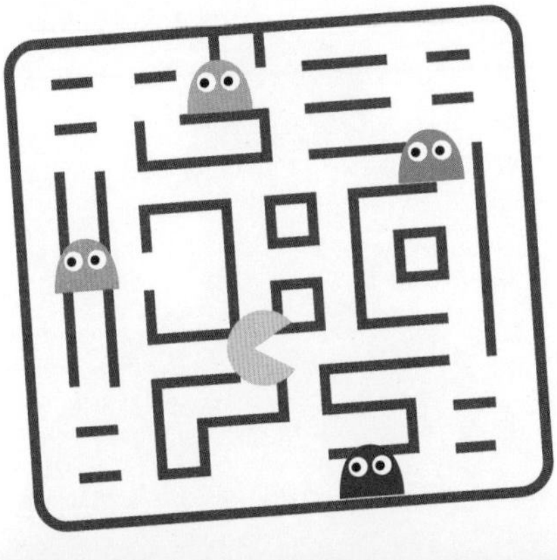

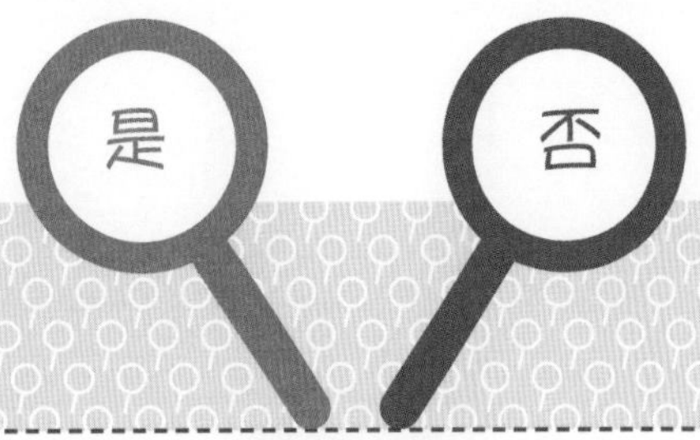

是或否

現在來訓練你的大腦去解決一些疑難雜症，以此來拓寬你的思路。

這個遊戲需要至少兩人參與：其中一人是目擊者，專門回答問題，但只可以回答「是」或「否」；而另一人是偵探，可以提出任何對破案有幫助的問題。

以下是你需要破解的兩宗疑案。只有當**目擊者**的參加者才可以閱讀第94頁上的答案，然後回答當**偵探**的參加者所提出的問題。

案件1：熱巧克力

一個男人喝下了一杯熱巧克力，然後便被送去了醫院，並被診斷為股骨骨折。

案件2：點名提問

一名老師在點名提問之後，立刻暈了過去。

只要稍加訓練，你也可以成為構思案件的小能手。

想像自己

福爾摩斯總能以驚人的方式破解最難的案件，其中一個重要的原因，是他高度的自我關注。他成功地為自己塑造了一個積極的形象，透過這種方法來**增加**對自己智力的**信心**。

挑戰站

我的剪貼畫

你需要：

- 一張70 × 100厘米的大畫紙
- 一些舊雜誌
- 剪刀
- 膠水
- 顏色筆

翻閱雜誌，尋找任何可以幫助你回答以下問題的圖片、詞語以及符號：

- **我是誰？**
- **我喜歡什麼？**
- **我不喜歡什麼？**
- **我記得哪些愉快的事情？**
- **10年後的我會是什麼模樣？**
- **40年後呢？**

關於以上每一條問題，你都要剪下一張圖片、一個詞語或是一個符號，然後用膠水把它們黏貼在大畫紙上，最後用顏色筆進行裝飾。

只有當我們持有**積極的心態**，我們才能為自己創造出機會與可能。相反，如果我們覺得自己無法做到某件事，那麼還沒達到預定的目標前，也許我們就已經放棄了。

要學會像福爾摩斯一樣思考，其實很簡單：建立一個積極的自我形象，告訴自己，只要努力，就一定會成功。

想像他人

福爾摩斯具有一種特殊的能力，那就是：他能**設身處地**地站在受害人和疑犯的角度，一邊提出有關對方行為的問題，一邊利用直覺分析對方的邏輯。他時常批評華生和蘇格蘭場的那些探員，說他們總是被事物的表象所迷惑。

無論是在學校裏還是在生活中，想要取得出色的成果，就需要訓練**從他人角度看問題**的能力。這樣做既可以和不同的想法擦出火花，還能幫助我們拓寬思路，並促使我們思考以下這個關鍵的問題：

如果是我處於這樣的境地，我會怎麼做呢？

你是哪本書？

快邀請多位朋友和你玩以下的遊戲吧！

- 選擇10本不同的書，將它們放在桌上。
- 準備10張小卡片，在每張卡片上分別寫上一個不同的問題。問題不能和書本的內容有關，可以是「為什麼你會覺得睏？」，又或者是「什麼東西能使你高興？」等。
- 每一名參加者抽取一張卡片。在讀完卡片上的問題後，觀察桌上的書本封面和標題，選擇一本書作為對這個問題的回答，然後將書名寫在一張紙上，但是不能給別人看。
- 每一名參加者讀出自己的問題，而其他參加者必須猜測他的答案。把所有參加者所選擇的書名寫到紙上。
- 最後，所有人公布自己的答案。每猜對1個書名就能得到1分。遊戲進行4輪，得分最高者獲勝。

你知道在這個遊戲中取勝的秘訣嗎？

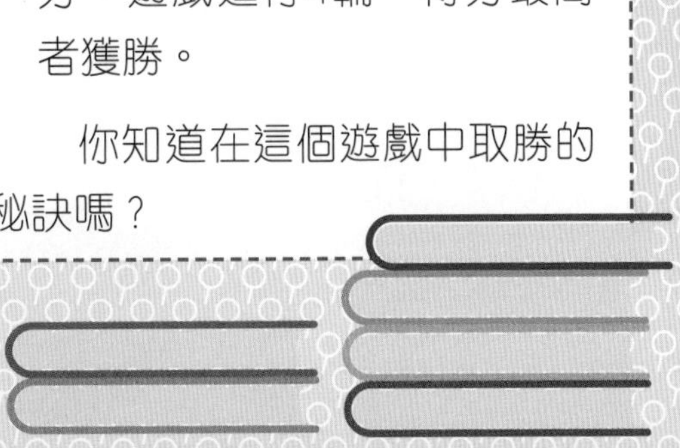

在腦海中描畫

請閉上雙眼，然後慢慢地，從20開始，倒數到0。期間，靜靜聆聽你的呼吸，然後在腦海中描畫福爾摩斯所居住的那個房間。

請你在腦海中描畫這個場景：福爾摩斯正在和華生討論案情。他坐在一張沙發椅上，一邊點燃煙斗，一邊開始了思考與想像。

為了破案，福爾摩斯總是在腦海中描畫他曾經到過的地方，從記憶中提取他觀察過的細節，然後將它們變成重要的線索。你也可以訓練自己**在腦海中描畫**事件和故事，將思緒沉浸在另一個世界裏。可是，究竟怎樣才能做到呢？很簡單，我們已經為你想好了一個活動，快來試試吧！

挑戰站

創造性描畫

先從一個簡單的練習開始：在腦海中描畫你每天從家去學校時所經過的道路。

完成第一個練習後，馬上從1數到10，然後重新描畫一遍這條道路，只不過這一次，你已經穿越到了未來：**100年之後，這條道路會是什麼樣子的呢？**

接着，請你繼續描畫相同的道路，把它安放到歷史中的不同時期，改變它的模樣。

這種描畫方式能夠幫助你記憶自己剛剛了解到的信息。

一定會成功

既然你已經學會在腦海中描畫故事和場景，就可以進入下一個階段：

將失敗轉變為巨大的成功。

這當然不是件輕鬆的事！即使是福爾摩斯，也難免會犯錯：在《波希米亞醜聞》一案中，艾琳．艾德勒就成功從他眼皮底下溜走了。可是，我們的大偵探依然達到了自己的目的。

想知道他的訣竅嗎？那就是：**永不輕言放棄！**你想想，《哈利波特》的作者曾被出版社退了整整12次稿呢！要是她當時認了輸，我們就永遠不可能認識哈利和他的朋友們的精彩故事了！

每當經歷失敗時，你就得想像成功，然後積極地去嘗試，直到順利完成你的任務。

想像和操練

- 找一個小球和一把有彎柄的雨傘。
- 設計一條障礙路線，沿路放上椅子、書本、桌子和其他障礙物。
- 觀察路線5秒鐘，然後用雨傘的手柄擊球前進，穿越障礙，直至完成路線。數一數你一共擊了多少次球？
- 回到起點，**在腦海中描畫**你將要完成的所有擊球和動作。
- 再次完成路線：你是否提高了自己的成績呢？說不定是呢！如果沒有，那就重新嘗試！想像和操練可是勝利的兩大法寶。

距離產生驚喜

這是一個要抽足三次煙才能解決的問題。請你在50分鐘內不要與我說話。

在面對複雜的案件時，福爾摩斯會選擇與難題保持距離，試着去想些別的事，這樣才能把偏見和無用的信息**從大腦中清除**。

有時候他會拉小提琴，有時候會在外面散步良久，有時候呢，則會坐在他的沙發椅上抽煙。

當一個問題出現的時候，我們往往會認為，最好的解決辦法應該是把精神全部集中在這個問題上，但與此同時，我們的觀點也受到了極大的限制。在這種情況下，不妨試着與問題保持一段距離，**做些別的事**，把大腦清空。當然，不能太過分心。

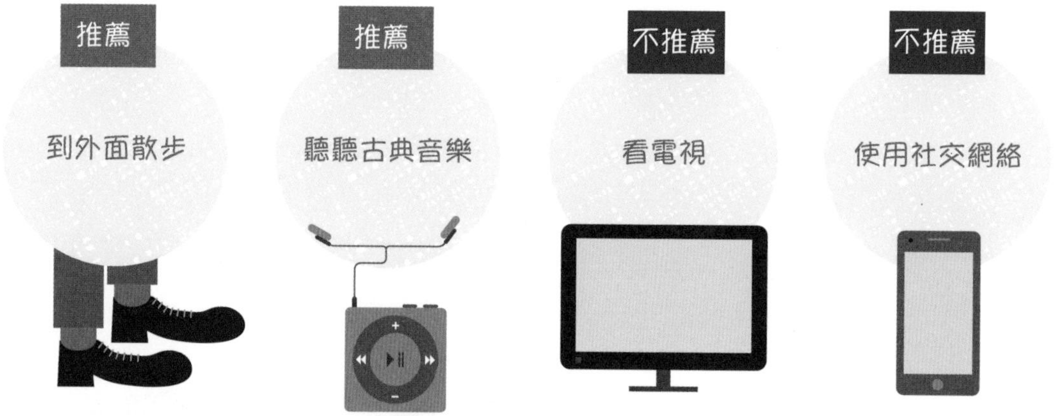

沉思，再沉思

要想把問題從大腦中清除，進行**沉思**可是個好方法。

不過，要進行沉思，你得擁有足夠的時間。有時，福爾摩斯碰到特別棘手的案件時，他會在犯罪現場沉思整整一夜。

當我們身處重壓之下而時間又異常緊迫的時候，我們就會變得越來越焦慮，而我們的表現，也往往無法達到預期的效果。

沉思是清空大腦的好方法，它會使大腦更接近直覺，也更容易冒出新的點子來。

沉思的練習

1. 找一處安靜的地方，準備一張地毯。以舒適的姿勢坐在毯上，然後閉上雙眼，盡量放鬆，逐漸將注意力集中在自己的呼吸上。如果腦海中產生了一個念頭，先接受它，然後任由它飄走，重新將注意力集中在呼吸上。

2. 在一間寬敞的房間 ，播放一段幾分鐘的背景音樂——輕鬆愉快的就行。音樂響起後，請你開始走路，就像散步一樣。當音樂停下時，請你閉上雙眼，將注意力集中在你的呼吸上，從頭到腳想像你的整個身體：頭髮、衣服、鞋子等等。把所有其他的想法都擱在一旁，只是集中精神注意你自己。

有趣的索馬立方

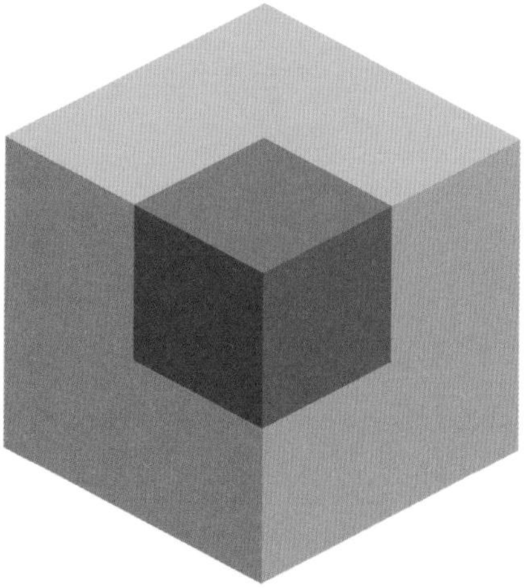

讓我們用一個特別的遊戲來結束這趟想像之旅吧。這個遊戲的發明者是**皮亞特．海恩**（Piet Hein），他是來自丹麥的數學家、發明家、作家、詩人與科學家。海恩的大腦能夠想像出無數個天地，簡直可以和福爾摩斯媲美！

索馬立方是一個由7件組件組成的立方體，其玩法是把7件組件拼成一個立方體。以下我們所看到的，是用**積木**做成的特別版本。

挑戰站

小積木大挑戰

下面就是你需要拼砌的7件組件，你必須運用想像力和創造力，才可以完成。當你成功拼砌7件組件後，就可以利用它們拼成一個立方體。

請翻至第94頁，看看你的答案是否正確。

第1件組件

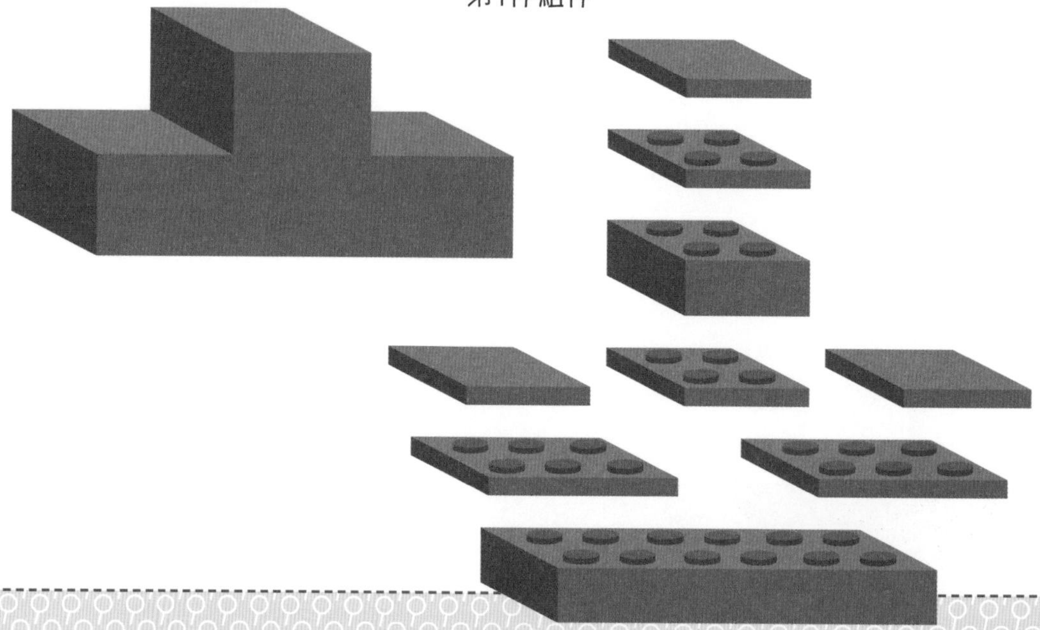

第2件組件

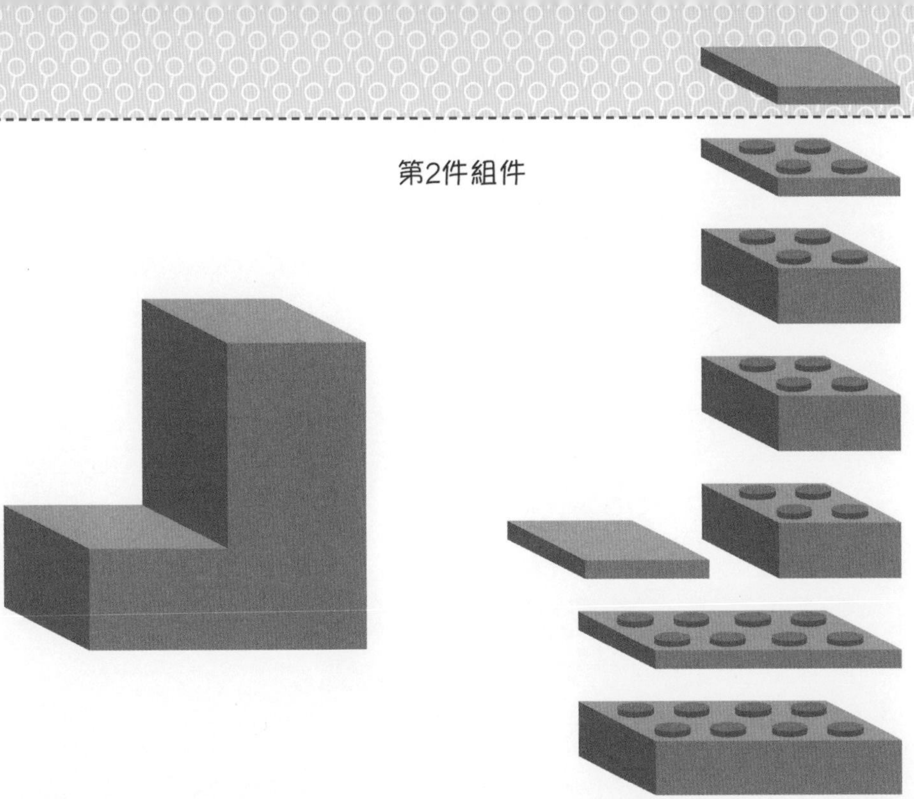

第3件組件

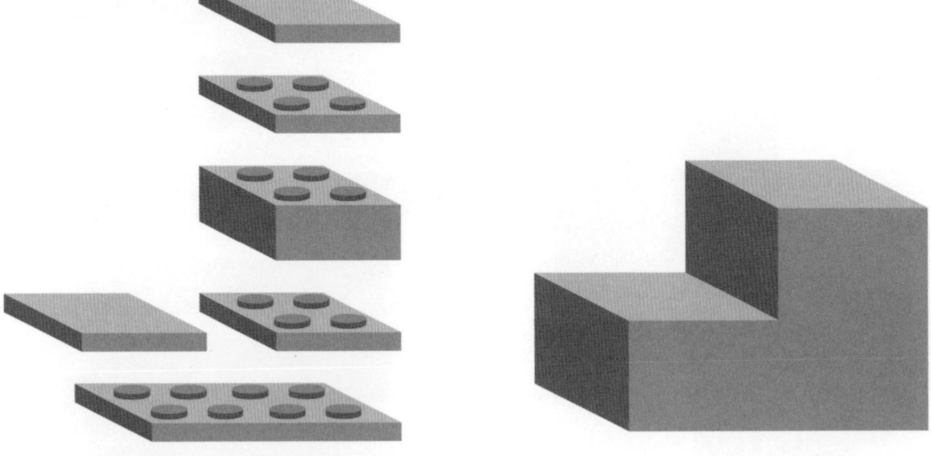

第4件組件

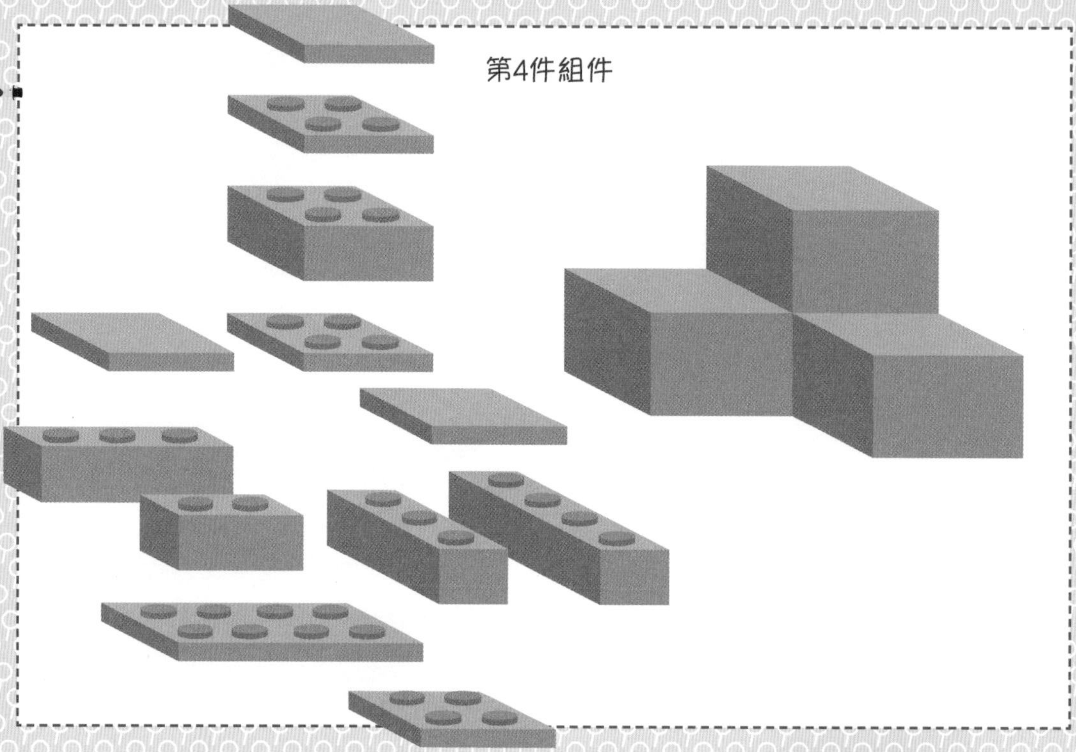

第5件組件

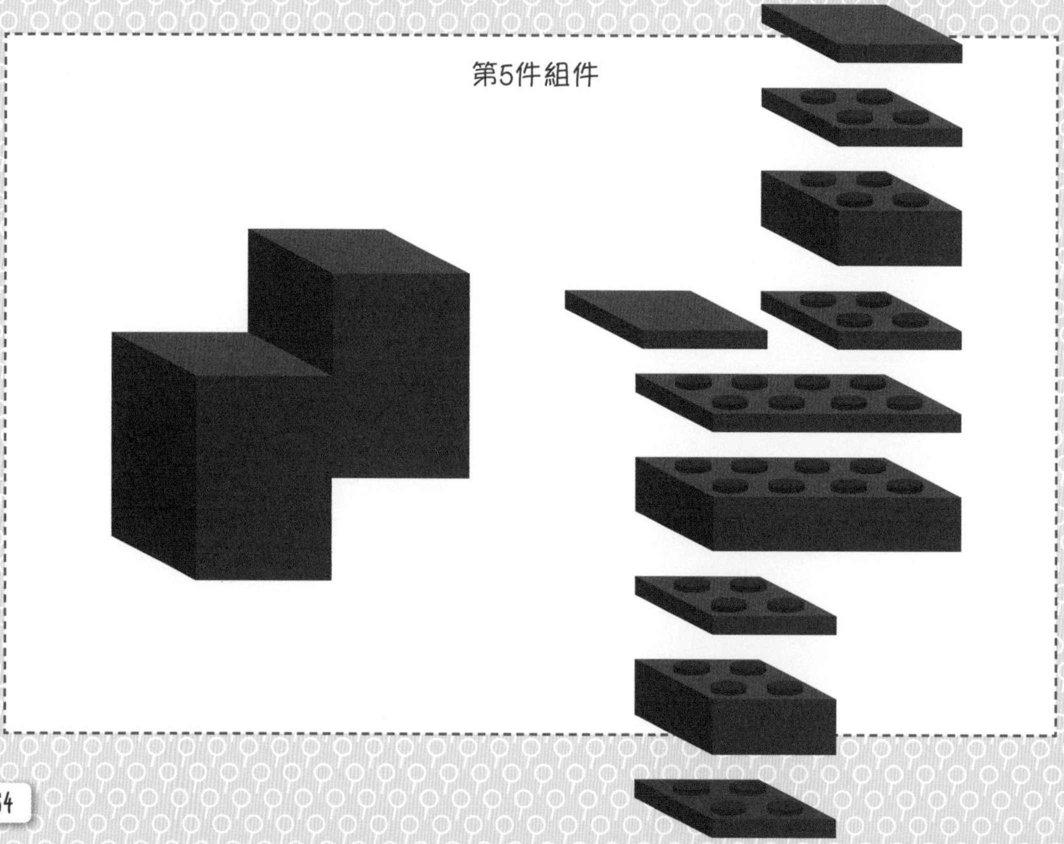

第6件組件

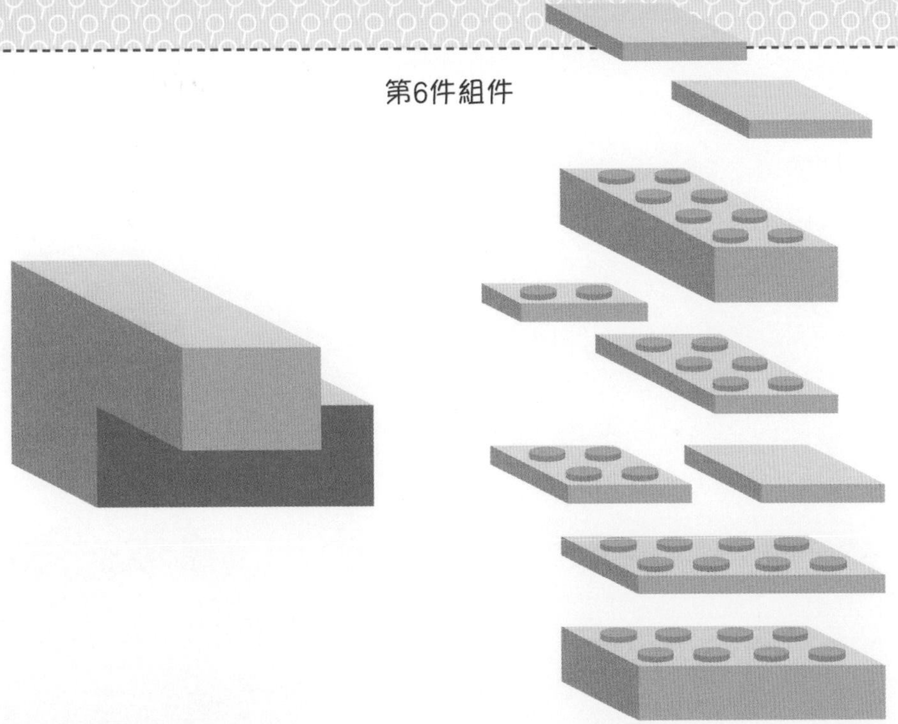

第7件組件

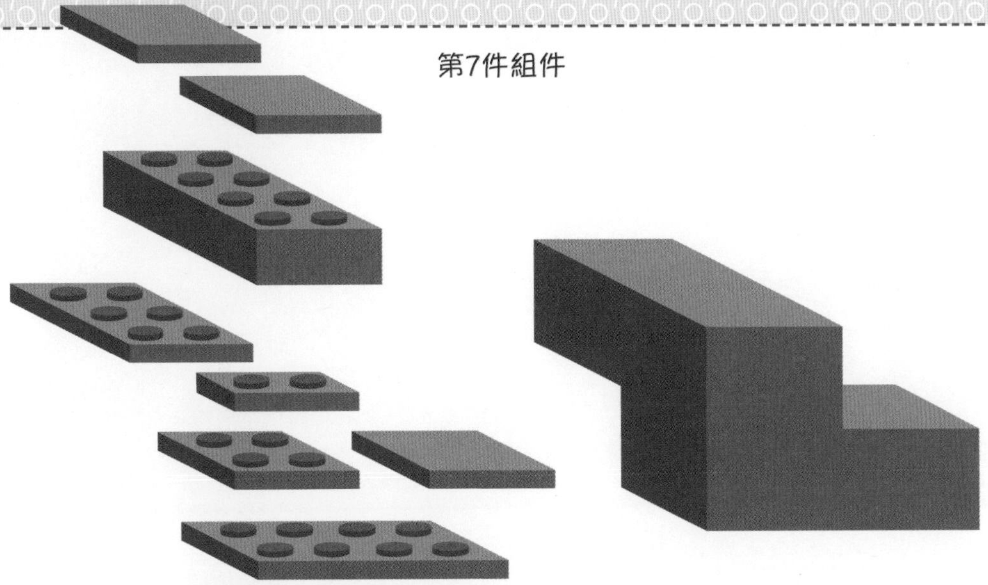

拼砌好7件組件了嗎？現在就試着把它們拼成索馬立方吧！

訓練記憶力

不停地學習，卻什麼也沒記住！

如果你也遇到過類似的情況，那就趕快向福爾摩斯請教吧！原來，**儲存太多的信息**，反而會把最重要的忘了，這可是個大麻煩。在《血字的研究》一案中，福爾摩斯就曾向華生解釋，應該怎樣避開這個陷阱。

「親愛的華生，在我看來，人的大腦本來像一間空空的閣樓，我們可以選擇性地把一些家具放進去。只有傻瓜才會把他碰到的各種破爛東西，都一股腦兒地塞進去，而那些可能對他有用的東西呢，反倒被擠了出來，或者，是和許許多多其他的東西混雜在一起了。這樣一來，當他想取用那些有用的東西時，就會感到很困難。和這類人不同，學者會精心選擇存進自己大腦的東西。他只會把對工作有用的東西放進去，而這些東西，樣樣俱備，經過他努力的整理之後，更是會變得有條有理。」

福爾摩斯之所以會向華生闡述他著名的「**閣樓理論**」，是因為華生對他不懂哥白尼（Nicolaus Copernicus）的「日心說」理論表示吃驚。可是在福爾摩斯看來，究竟是地球繞着太陽轉，還是太陽繞着地球轉，對他的工作來說，根本毫無用處。

記憶理論

福爾摩斯用以下的這段話結束了他有關**記憶和閣樓**的解釋：

「如果你認為這間閣樓的牆壁富有彈性，能夠任意伸縮，那可就錯了。相信我，總會有這樣的一天，當你增加新知識的時候，會把以前所學到的東西給忘了。所以最重要的是，不要讓一些無用的知識把有用的給擠出去。」

就連偉大的**愛因斯坦**（Albert Einstein）也有類似的看法。有一次，一位記者問他為什麼不願去記着電話號碼。愛因斯坦回答說，既然電話簿上已經記錄了號碼，為什麼還要去記呢？他的大腦空間可是很珍貴的。

在偉大偵探和科學家看來，只儲存最有用的信息，這才是最重要的。

記憶宮殿

要是我們都能記住各種各樣的信息，還能選擇保留哪些又遺忘哪些，那麼我們一定都能成為超級天才，而且最關鍵的是，我們可以少學好多好多的東西。

只可惜，我們無法記住一切。但是，我們可以仿效福爾摩斯，對我們想要存進大腦的信息進行**更嚴格的控制**。

怎樣才能選擇需要記憶的東西呢？我們的大偵探採用了古老方法——**西塞羅的位置記憶法**，即現今被稱為「**記憶宮殿**」的方法。

記憶宮殿是如何運作的？

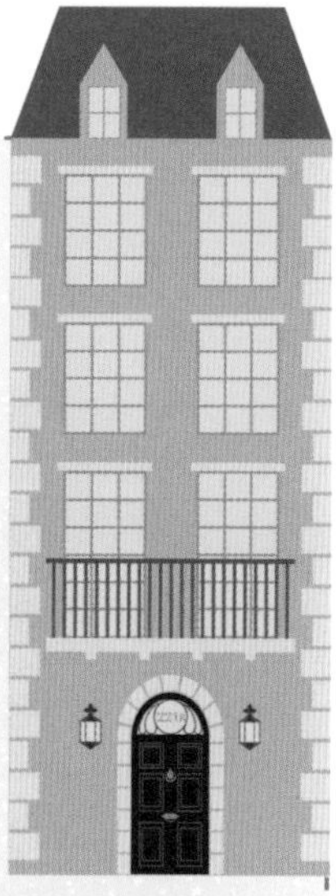

請**在腦海中描畫一個你熟悉的地方**，例如你的家。

- 現在請你**在腦海中描畫出這個地方裏3個或以上的房間或區域。**
- 在每個房間或區域裏選出**5件大的物品**。
- **為每件物品分配一個號碼**，從1到5。
- **在其他房間或區域重複相同的步驟**，繼續標號。你需要記住的東西有多少件，你的清單上就應該有多少個號碼。

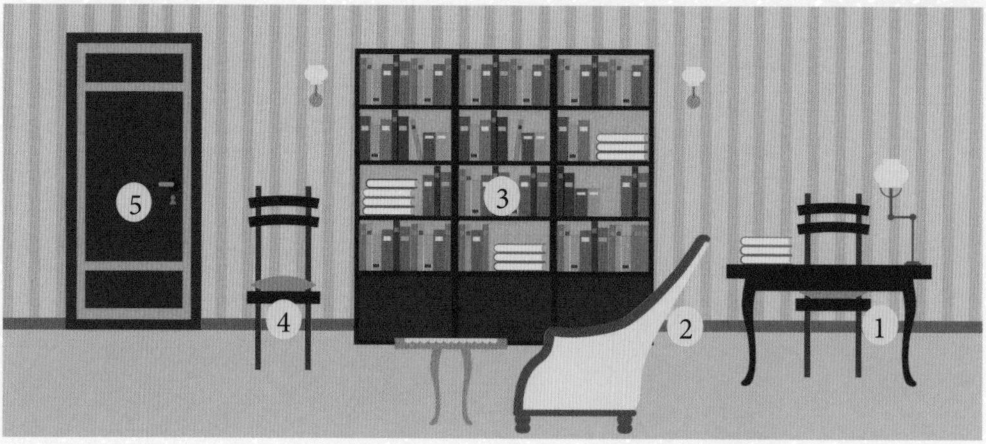

輪到你啦，小小福爾摩斯！

你的記憶宮殿已經準備好接收信息了。

怎麼做呢？很簡單！你只要把自己想記住的東西和房間裏的物品聯繫在一起就行了。

讓福爾摩斯來幫你吧！先看看在《藍柘榴石探案》中，他是怎樣記住一些重要線索的。

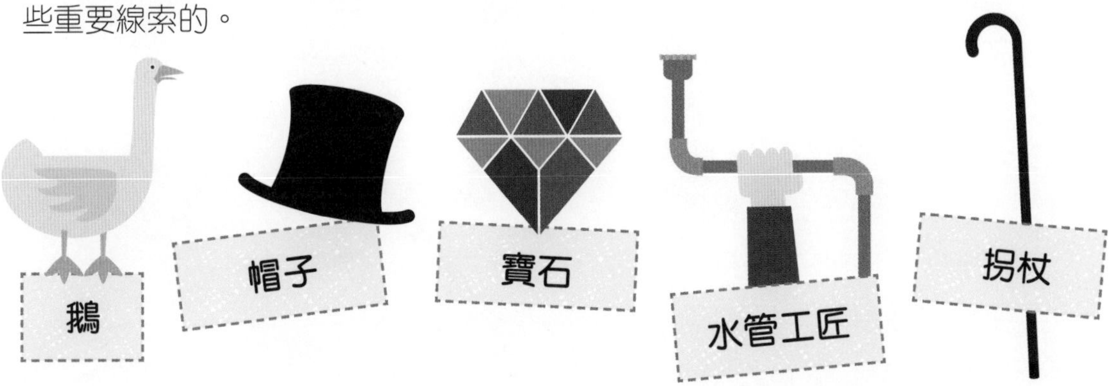

他是這樣進行想像的：

- **鵝**靠在**沙發椅**上
- **帽子**放在**書桌**上
- **寶石**放在**書櫃的架子**上
- **水管工匠**倚靠在**門**旁
- **拐杖**放在**椅子**上

他只是在腦海中描畫出他的房間，並確定房間裏的物品，然後按順序記憶就好。如果需要記憶的東西**超過5件**，你就得在記憶宮殿裏增加**其他房間**。

購物清單

既然你已經學會了這個方法，就請你記住以下的購物清單，試試你的記憶宮殿究竟好不好用。

- 熱巧克力
- 鹽
- 清潔劑
- 牙膏
- 菠菜
- 意大利麪
- 餅乾
- 麪包
- 清水
- 香橙

注目而視

想一想，到目前為止，你接受了哪些訓練呢？從觀察到描畫，從想像到記憶宮殿，你有沒有發現，視覺是這位貝克街偵探使用最多的感官。

其實，我們的眼睛每天都會捕捉成千上萬條的信息，而當中大部分都已經儲存在我們的記憶裏。記憶會激活不同的**關聯系統**，使我們取用特定的信息。

你今天從腦海中提取了幾次視覺信息？每次又持續多久呢？

你一定覺得這兩條問題很難回答，因為在很多情況下，視覺和記憶之間所發生的聯繫都是無意識的。

如要提高視覺記憶，你可以進行一些**簡單的日常練習**，例如選擇一張圖片、明信片或是報紙，觀察片刻，然後試着回憶盡可能多的細節。

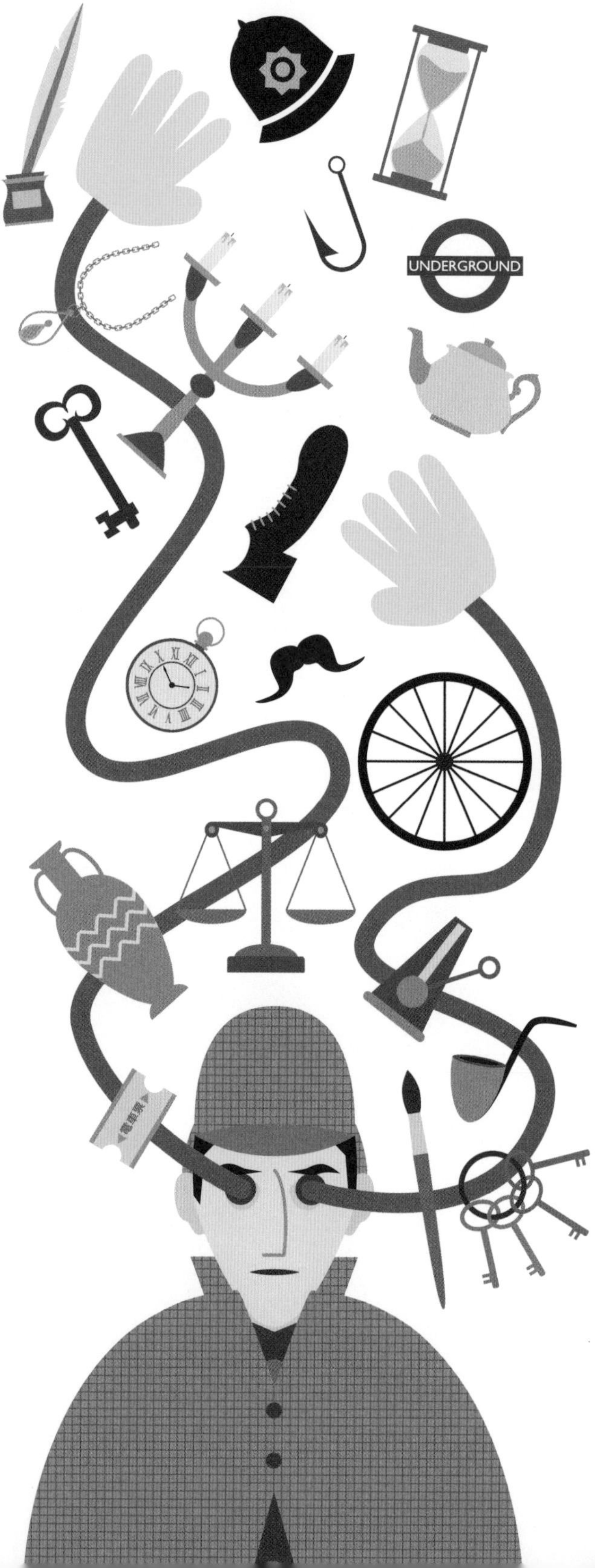

巴斯克維爾莊園

請觀察下圖30秒，**記住盡可能多的細節**，然後用一本書蓋住圖片，並回答問題。

- 福爾摩斯在幾樓？
- 一共有多少個蘋果？
- 亮着燈的房間共有多少個？
- 男孩的襪子是什麼顏色的？
- 一共有多少朵綻放的玫瑰？
- 圖中出現了多少隻動物？分別是什麼？
- 有多少個露台？
- 老先生的雨傘在哪裏？

在《銀斑駒》一案的尾聲，福爾摩斯說出了這樣一句話。這不僅代表了他的想法，也是他工作**方法**的最好寫照。為了解開一匹賽馬的失蹤之謎，這位大偵探再一次運用了他的觀察力、專注力和想像力。沒錯，這些全部都是你已經訓練過的能力。

不過，要說到他最為突出的才能，那一定是邏輯推理，也就是**將所有信息串連在一起**。他所使用的查案方法，主要由**4個步驟**組成：

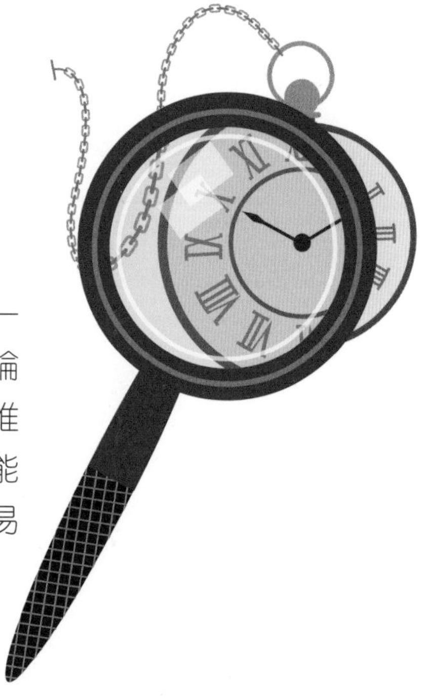

1. 收集線索

仔細地觀察，不要遺漏細節，將每一條微小的信息轉變為有用的破案線索，無論是物品、痕跡還是話語，都能幫助他得出推論，而這些細節，在其他偵探的眼裏，可能都是無足輕重的。福爾摩斯認為：「顯而易見的事實比任何東西都要虛偽。」

2. 深入地提問

福爾摩斯總是向自己和他人提出許多問題，而這些問題的回答，往往就是他推理的基礎。他的目的是要弄清每件事情的原因，這樣才能排除所有對破案沒有幫助的信息。他知道該怎樣向疑犯提問，因為那些問題看起來毫無邏輯，所以大部分人很難防備。

3. 對假設進行分析

當我們在破案或是嘗試解決一個問題的時候，起初的答案並非只有一個。這時就需要我們從不同的角度觀察形勢，對各種假設進行分析，盡可能面面俱到。在許多情況下，無論是**邏輯推理思維**或**橫向思維**都能對我們產生幫助：前者能將各種元素聯繫在一起，後者呢，往往能帶來意料之外的答案。

4. 全域觀

有了前面3步的基礎，第4步才有可能完成，那就是：將之前所收集到的全部信息統整到一張完整的圖表裏。要想最大限度地利用邏輯推理思維，就必須從整體看待問題。這相當於從高處俯瞰：就像一隻鳥兒飛向空中，將地面上所有發生的事全部收入眼底一樣。

請翻至第94及95頁，看看你的答案是否正確。

環環相扣

就讓我們來試試福爾摩斯的方法，進行一場分析和推理能力的訓練。

以下練習中的線索來自《紅樺莊探案》。

- 亨特小姐受僱於魯卡斯爾先生，作為家庭教師。
- 魯卡斯爾先生的女兒墜入了愛河。
- 魯卡斯爾先生是紅樺莊園的主人。
- 亨特小姐被要求剪短自己的頭髮，並穿上一條藍色連衣裙。
- 亨特小姐注意到莊園裏有一間上了鎖的廂房，外人無法進入。
- 房門上有個小孔，在距離地面175厘米的位置。如果踮起腳尖，亨特小姐可以透過小孔看見房內的東西。
- 上了鎖的那個房間似乎有人居住。
- 有個男人從窗外看到一個女人的背影，而那個女人穿着藍色的連衣裙。
- 當福爾摩斯和華生進入莊園後，發現那個上了鎖的房間根本沒人。
- 魯卡斯爾先生的女兒名叫艾麗斯。她喜歡藍色。
- 艾麗斯的身高是165厘米。
- 魯卡斯爾先生相當富有。他不願把遺產留給外人。

在閱讀了以上信息之後，請分析**下面的推斷，看看哪幾項是合理的。**

1. 有人從房間逃走了。
2. 艾麗斯和亨特小姐長得很像。
3. 有人從房間正常離開了。
4. 亨特小姐比艾麗斯高得多。
5. 魯卡斯爾先生反對女兒談戀愛。

答案可在第94頁找到。要是你想知道所有和這宗案件有關的細節，最好還是去閱讀華生的報告。

請翻至第95頁，看看你的答案是否正確。

邏輯網格圖

既然你已經越來越了解這位貝克街的偵探，那麼不妨繼續鑽研他的工作方法，試着建立一張**網格圖**，記錄各種信息之間的聯繫。

請試着解開紅色馬車的案件。

福爾摩斯發現：偷走瓦格納王冠的小偷是坐着一輛**紅色**馬車逃走的。他追隨着馬車的蹤跡，進入了一座宮殿的庭院。他發現了馬車，但很可惜，他不知道馬車的主人究竟是誰。這時，他看見一名園丁正在為花叢澆水，於是便上前與他交談，試着打聽一些消息。

他發現：

- 里格斯先生居住在1樓。
- **藍色**馬車屬於愛德華少爺。
- **綠色**馬車的主人不是住在4樓。
- 勞倫斯小姐不是住在3樓。
- 住在2樓的人擁有一輛**黑色**馬車。
- 德·波諾先生不是住在2樓。
- 愛德華少爺不是住在4樓。

現在，你已經擁有足夠的信息來**找出小偷**。以下的網格圖一定可以幫到你。請用「O」表示肯定，用「X」表示否定。

	愛德華少爺	里格斯先生	德·波諾先生	勞倫斯小姐		藍色馬車	黑色馬車	紅色馬車	綠色馬車
1樓									
2樓									
3樓									
4樓									
藍色馬車									
黑色馬車									
紅色馬車									
綠色馬車									

最佳拍檔

如果福爾摩斯的身邊沒有華生，他是否也能成為如此頂尖的破案高手呢？在這世上，應該沒有比這位醫生更好的伙伴了！無論遇到什麼情況，福爾摩斯總會和華生討論、商量。他常常從華生那裏得到激勵和建議，哪怕有時，連他自己也沒意識到這一點。

福爾摩斯所使用的，是「拍檔」技巧，也就是將需要解決的問題說給一個人聽。

因為有了聽眾，你就不得不對自己的敘述進行整理，使它變得清晰易懂。與此同時，還可幫助你與當前的問題保持適當的距離，既不會太近，又能將它掌控在視線之內。

你也不妨試試這個技巧：只要學會和朋友們合作就行！

挑戰站

團隊的選擇

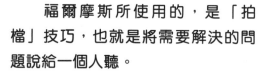

- 這個遊戲需要至少4人參加。
- 請你們選擇一個題目，然後每人在紙上寫出7個最能代表這個題目的詞語。
- 請分成兩組：每一組必須**從各自寫出的14個**詞語中選出7個。
- 兩組人員將各自選出的7個詞語放在一起進行討論，然後選出最後的7個詞語。

破解密碼

每一名優秀的偵探都會訓練自己的大腦去創建和解開**加密信息**。即使現在你只是想跟隨福爾摩斯的腳步去開發大腦潛能，這種方法也同樣至關重要。

專門研究密碼的科學叫「密碼學」。

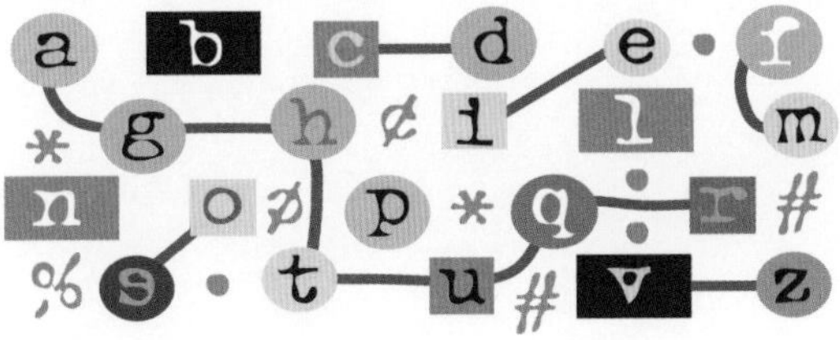

密碼學分為：

編碼學

專門編制密碼，從而隱藏信息或文本的含意。

破密學

專門破解密碼，從而獲取被隱藏的信息或文本。

密碼之舞

希爾頓·丘比特向倫敦最優秀的偵探發出了求救：他發現有人在他家附近的牆壁上畫了一連串符號，可是他不知道那究竟是什麼意思。

要解決《小舞人探案》，我們需要你的幫助。顯然，這是一串需要破解的密碼。但是，該怎樣破解呢？每一個小舞人圖案，究竟擁有什麼特殊的含意呢？

問題的關鍵就在以下圖畫中：**請破解密碼，並說說你是怎麼做到的。**

請翻至第95頁，看看你的答案是否正確。

查案策略

以下是福爾摩斯在查案時遇上的一些犯罪類型。

針對不同的犯罪類型，他所制定的計劃也有所差別。只有這樣，才能一步步將罪犯引上鈎。

他的每一次觀察、每一項對細節的研究、每一個提出的問題或是作出的決定，都是**預先計劃好的策略**，其目的就是為了證實或推翻他的假設和推論。

即使你的目的和福爾摩斯並不相同，你也可以透過這個方法來規劃你的日常活動：無論你是要投入半天的時間學習，或是進行聚會的準備工作，又或是組織一場體育比賽，哪怕只是一個簡單的策略遊戲，你都能用上。

挑戰站

五子棋

要想訓練你的策略規劃能力，就與一位朋友試試以下這個遊戲吧。

- 畫一個15 X 15的表格。每人選擇一種顏色或是一個標記。
- 輪流將各自所選擇的標記畫在空白的格子裏。
- 最先將5個相同標記連成一線（水平、垂直或斜線均可）的，即為獲勝者。

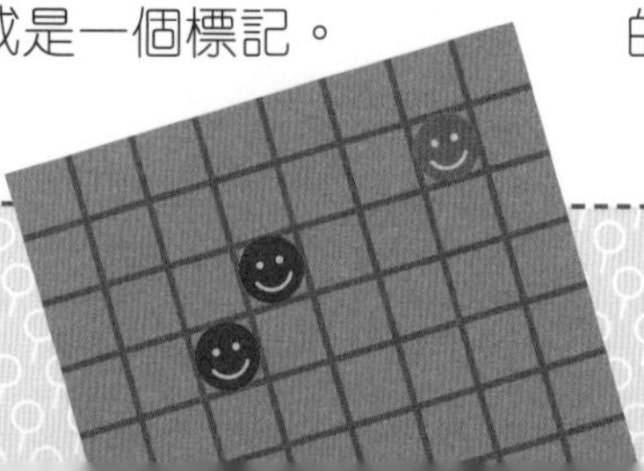

今天的偵探

許多現代偵探都將福爾摩斯視為邏輯與推理的榜樣。這不僅是因為他能將各種信息串聯在一起，更重要的是，他能根據破案需求對自己的行動進行規劃。

二十世紀八十年代，意大利一度處於緊張的局勢之中：黑手黨橫行，謀殺、綁架和其他各式各樣的犯罪層出不窮。只有採取恰當的策略，才能對它們進行嚴厲的打擊。

就這樣，在帕勒莫誕生了「**反黑手黨小組**」。這是一個由多名偵探組成的團隊，而**喬瓦尼．法爾科內**（Giovanni Falcone）法官和**保羅．博爾塞利諾**（Paolo Borsellino）法官也在其中。令人遺憾的是，這兩位法官分別在1992年的兩件驚天謀殺案中失去了生命。

不過，多虧了這樣一支由法律精英組成的團隊，超過300名的罪犯才終於被繩之以法。當然，這一切還要歸功於恰當的**查案策略**。

在那之前，所有關於黑手黨的調查都是獨立和分開進行的，探員之間並沒有多少交流，最重要的是，他們從未將各項犯罪案件聯繫在一起。而新的查案策略則強調團隊協作與各項調查之間的關聯。透過這種方法，原有的線索被賦予了新的含意，就像福爾摩斯在破解最複雜案件時所經歷的那樣。

科學方法

現在你已經知道，貝克街的偵探是第一位在查案策略中堅定不移地運用科學方法的人。

科學實驗方法是由伽利略（Galileo Galilei）首次提出的。它主要分為以下幾個步驟：

1 **觀察現象，提出問題。**

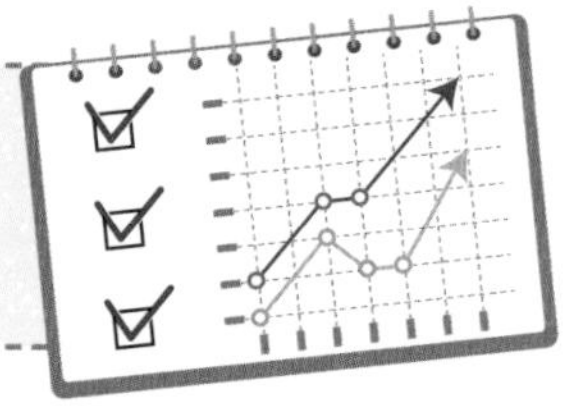

2 **提出假設，即解釋這個現象為什麼會出現。**

3 **進行實驗，求證假設。**

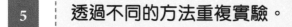

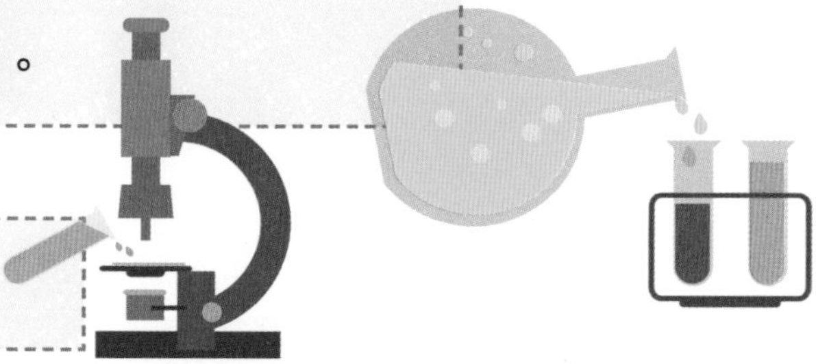

4 **分析結果。**

5 **透過不同的方法重複實驗。**

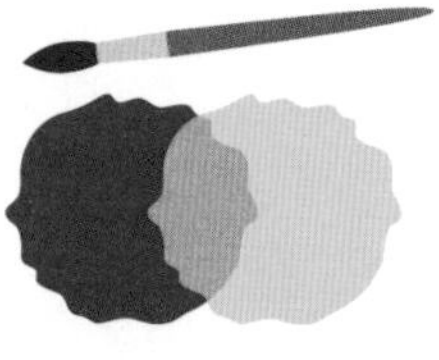

6 **得出結論，形成理論。**

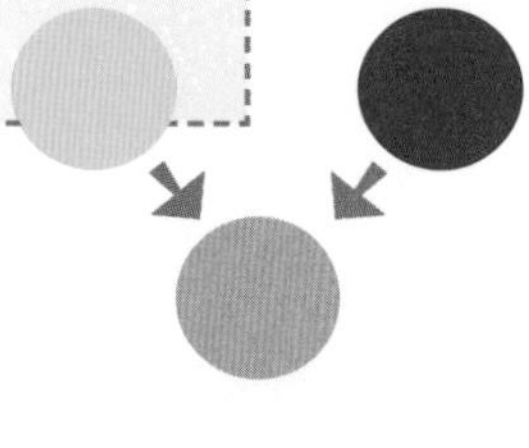

你是不是想起什麼來了呢？這些步驟，不就是福爾摩斯在查案時所採取的嗎？為了找到案件的謎底，他時常求助於自己所掌握的科學知識。

其實，科學本身早就融入了福爾摩斯的生活：他的工作伙伴華生是一名醫生，這可不是巧合。至於大偵探本人嘛，更是着迷於化學、植物學、解剖學和地質學的研究。

偵探家？科學家？

因為對化學的熱愛，福爾摩斯曾進行過一些實驗，用來破案或是發現被刻意隱藏的信息。你也可以試着**隱藏信息**，看看這位世界上最優秀的偵探是否能發現它們。怎麼做呢？

有**隱形墨水**就行啦！你可以用以下4種不同的材料，來製成各種特殊墨水：**洋葱**、**鹽**、**檸檬**、**牛奶**

- 檸檬墨水和牛奶墨水都很容易做：你只需要用細毛筆或是棉花棒蘸上這兩種物質，就能畫出或寫出你的密碼了。
- 如果是用鹽，那麼你需要將兩小勺鹽倒入一杯水中，等鹽溶化，你的墨水就可以使用了。
- 用洋葱製成的墨水有股臭烘烘的味道：你得將一顆洋葱切碎，加入一點醋，浸泡數小時後，就可以用毛筆蘸上液體，在紙上描畫或書寫了。
- 無論你用的是哪種隱形墨水，一定要記得把紙晾乾，直到墨跡看不見為止。如要使文字或圖案重新顯現，只需要將紙放在點燃的蠟燭或打火機上就行（一定要有成人的幫助！）。**不過，你一定要小心，千萬別燙傷自己或是燒着紙張啊！**

人像拼圖

福爾摩斯擁有很好的視覺記憶。他按照特定的步驟完成了疑犯的人像拼圖。**請你將以下的圖片順序排列，在圓形內填上1至4。**

請翻至第95頁，看看你的答案是否正確。

影子之謎

有個小偷溜進了大偵探的書房。大偵探看見了牆壁上小偷的影子。**究竟小偷是哪一個呢？**

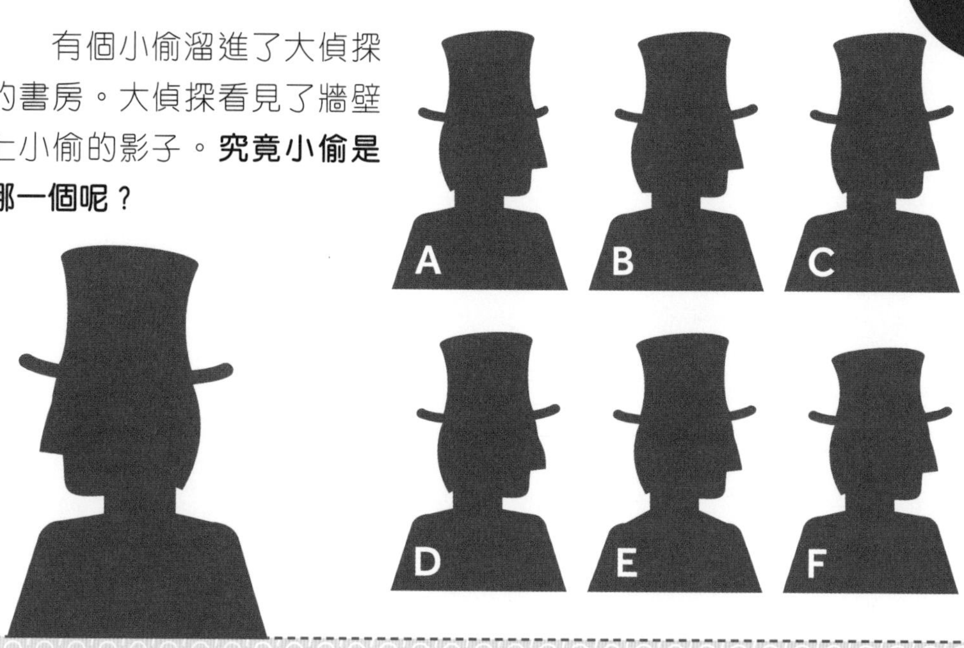

組織資料

福爾摩斯總會按照特定的次序對所有資訊進行整理，並製成卡片。現在考考你，請找出以下每組圖片之間的關係。

請翻至第95頁，看看你的答案是否正確。

不吃魚的貓？

破案就好比**解畫謎**。請用文字代替以下圖畫，你就會發現積犯的特性。

（7個字）

一目了然

在福爾摩斯的記憶宮殿裏，只有兩件東西僅出現過一次。**是哪兩件呢？**

糊里糊塗

透過華生的敘述，報紙上刊登了由福爾摩斯所破獲的各宗案件。可是有5宗案件的標題出現了錯誤。每個標題中各有一個錯字。**請找出錯字**，把標題改正過來。

血子的研究

四個神秘的簽各

紅發會

小無人探案

矇面房客探案

請翻至第95頁，看看你的答案是否正確。

字謎

是什麼殺死了達西先生？

想知道答案嗎？你得猜出被隱藏的詞語。這個詞語與下一句以紅色標示的字的讀音接近。

當他被一個XX噎住喉嚨時，
他的臉瞬間由金黃色變成紫藍色了。

請翻至第95頁，看看你的答案是否正確。

字母疑團

請替福爾摩斯和華生**找出隱藏的字母**，只有這樣他們才能破案。你只有一條簡單的線索：以下4幅圖片分別代表4個英文詞語，你能找出它們共同擁有的字母嗎？

音節六邊形

對福爾摩斯來說，**邏輯**就像每天吃的**麪包**一樣，能夠給予他營養。

請透過連接詞語找出一條往返路線：路線上每一個詞語的起始音節都和上一個詞語的末端音節相同。提示：下圖中的文字為意大利文，從LOGICA-CASO-SOLO開始，如此類推。

請翻至第96頁，看看你的答案是否正確。

圖像六邊形

請你從紅色的六邊形出發，並沿着一條特定的路線到達藍色的六邊形。這條路線會連接起5個詞語。**是哪5個詞語呢**？請參考以下的提示：

金屬→垃圾→牙齒→人類→交通

請翻至第96頁，看看你的答案是否正確。

謎一般的接龍

請在1分鐘之內閱讀並記憶下列接龍詞語，然後**把書翻到第90頁，你會知道該做什麼。**

HOUSEA　FEARRANGE　MYSTERYE

PIPEACE　DEADVICE　MASKATE

PROBLEMAIL　DISAPPERCENT

小路上的腳印

請翻至第96頁，看看你的答案是否正確。

福爾摩斯擁有這樣一種超凡的能力：他可以分辨出幾十種不同的腳印，並能重建腳印主人所經過的路線。

請仔細觀察以下的腳印1分鐘，隨後把書合上，在一張透明膠片上畫出這些腳印所經過的路線，隨後重新把書打開，將透明膠片重疊在書上，看看**你畫的小路串聯起了多少對腳印**。

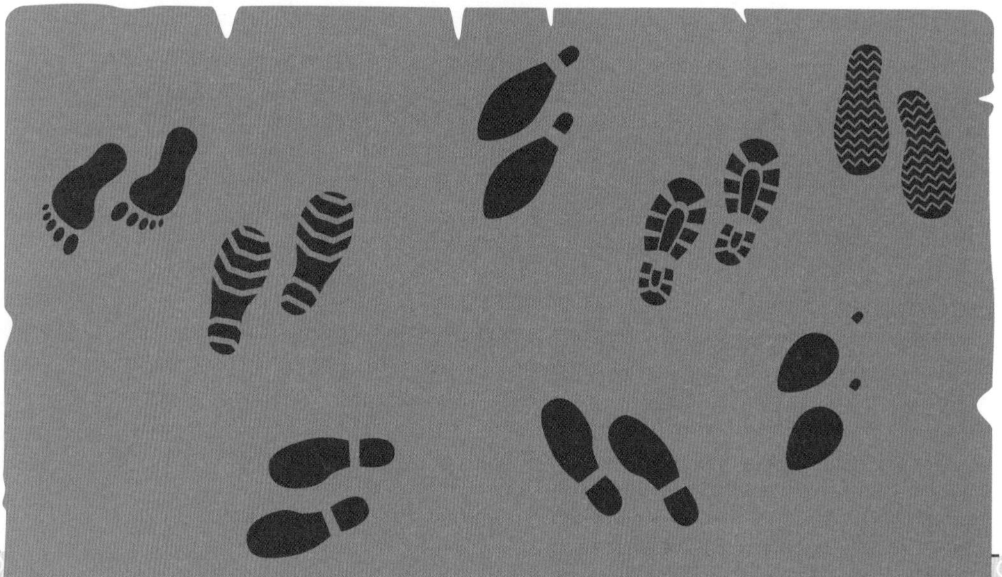

福爾摩斯的櫃子

請在1分鐘內仔細觀察並記住福爾摩斯的櫃子的細節，然後**翻到下一頁，並回答問題。**

找出福爾摩斯

請仔細觀察並記住這張福爾摩斯肖像畫的細節。

請你翻到下一頁：你會發現有5個福爾摩斯，但只有一個和這張肖像畫所描繪的一樣。

你能找出哪一個才是真正的福爾摩斯嗎？之後你就不能再看這幅原畫了！

謎一般的接龍

哪2個詞語沒在第88頁「謎一般的接龍」中出現過？

- FEAR • ARRANGE • DEAD
- ADVICE • EMAIL • ACE
- EAR • DISAPPER
- SKATE • HOUSE • PIPE
- MYSTERY • PEACE
- PERCENT • SEA
- PROBLEM • MASK
- RYE

請翻至第96頁，看看你的答案是否正確。

福爾摩斯的櫃子

1. 右上角的格子裏有什麼？
2. 你看見了多少本書？
3. 你找到了哪些計算時間的工具？
4. 左下角的格子裏有什麼？
5. 放在櫃子中央的樂器是什麼？
6. 櫃子一共有多少個格子？
7. 你看見了多少枝蠟燭，多少把鑰匙？

找出冒牌貨

跟蹤疑犯

5名疑犯各自到達了和自己顏色相同的地鐵站，但是沒有一個人和其他人的路線交匯或重疊。請你畫出他們各自的路線。

請翻至第96頁，看看你的答案是否正確。

還少一個

一個保險櫃剛剛遭竊。福爾摩斯在保險櫃裏發現了一張卡片，卡片上有4個詞語，可是還缺一個。只有**找到第5個詞語**，你才能找到贓物收藏的地方。這個詞語與前面4個詞語都有關聯。到底是什麼呢？

- 焗爐
- 生日
- 櫻桃
- 分配

請寫出贓物收藏的地方：__________

答案

挑戰站

P. 16 火眼金睛！

P. 19 他們去過哪裏？

從左至右分別是鄉村、海邊和倫敦。

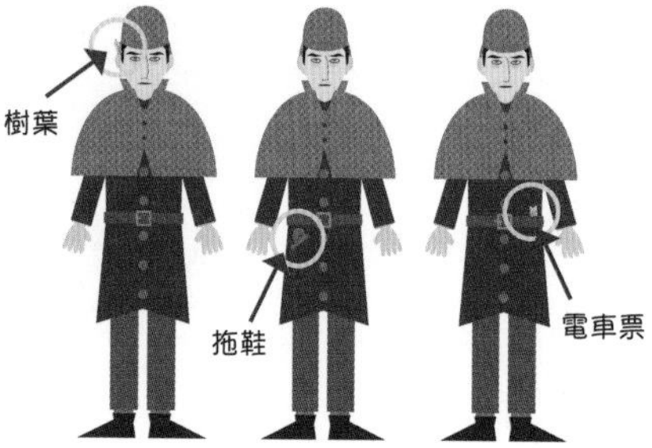

P. 20 誰是罪犯？

罪犯是A。如果你把書倒過來，就會看見蒙面的罪犯。

P. 23 顏色的感知

煙斗明明有兩種顏色，現在卻像變了魔術一樣，只剩下了一種顏色。這是因為：在你注視右圖中X的30秒時間裏，眼睛的顏色接收器產生了疲勞，所以無法再辨認出左圖中的顏色。

P. 23 誰需要節食？

事實上，他們的體重是相同的。莫里亞蒂教授看起來似乎較重，這是因為我們的大腦會被向右傾斜的斜線所欺騙。試着把書豎起來，舉到和你眼睛平行的高度，然後從側面看。你很快會得到證實的。

P. 24 畫作在哪裏？

木乃伊展廳

P. 29 福爾摩斯在哪裏？

共5個

P. 33 是什麼印記？

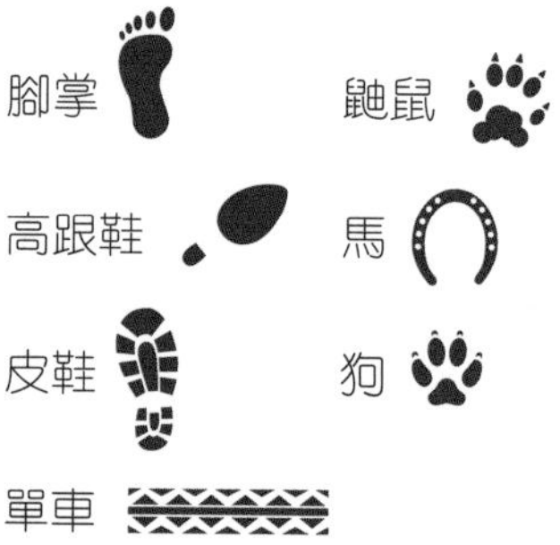

答案

挑戰站

P. 44 孤獨的旅行
唯一無法配對的兩輛馬車是51和60，能夠配對的馬車是52和54、53和59、55和58，以及56和57。

P. 44 保險箱密碼
茶杯是4； 雨傘是3；記事簿是3； 小號是6。

P. 45 兩條特別的線索
放大鏡和袋錶

P. 45 破鏡重圓
一共有32塊碎片。

P. 46 偵探的住所

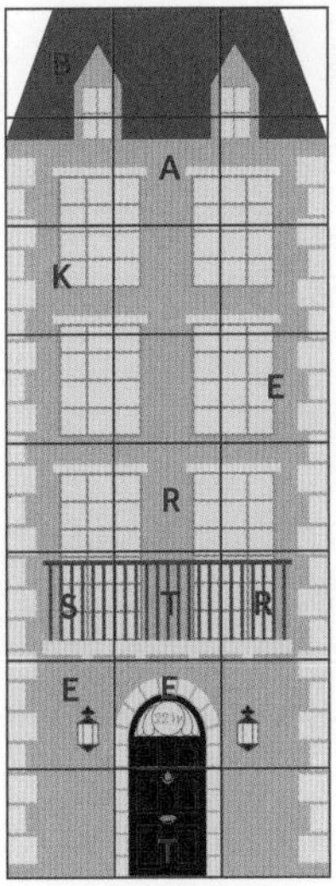

地址是BAKER STREET（貝克街）。

P. 47 煙斗的謎案

8	2	7	6	4
3	5	10	1	9

P. 47 貝克街幾號？

門牌號是221。

P. 48 顯而易見啊，華生！

P. 48 太奇怪了……
6件物品分別是：耳機、電話、電子鬧鐘、電視機、搖控器及便利貼。

答案

挑戰站

P. 49 快打開！快打開！
C

P. 49 救命密碼
LONDON（倫敦）、
GLOUCESTER（告羅士打）、
OXFORD （牛津）、
SOUTHAMPTON（修咸頓）、
LIVERPOOL（利物浦）、
LEICESTER（李斯特城）

P. 50 粗心的小偷
小偷留下的東西是王冠。

P. 51 福爾摩斯的物品
有2個茶杯、2把短劍和3張電車票。

P. 51 匿名信
一共有37封。

P. 55 是或否
案件1：男人在喝下第一口熱巧克力後，覺得太苦，於是便決定加些糖。可是小瓶子裏的糖已經用完，他只能從食物櫃裏拿。為了拿到罐子，他搬來一把椅子，踩了上去。可是他忘了，這把椅子幾天前就壞了。於是，他摔倒在地上，造成了股骨骨折。
案件2：在老師點名提問的時候，一名女學生因為不想回答問題，就鑽到課桌底下躲了起來。當老師決定繼續上課時，女學生又重新坐到了座位上。老師確信自己剛才明明沒有看見女學生，而且教室的門也關着，所以她以為是自己看見了鬼，害怕得暈了過去。

P. 62-65 小積木大挑戰

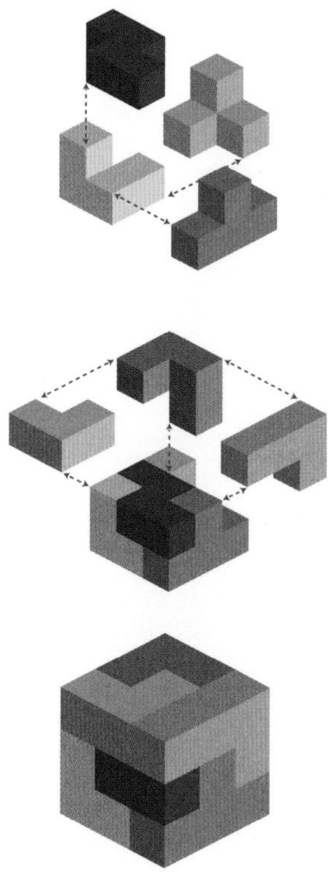

P. 74 環環相扣
1. 房間上了鎖，所以這項推斷是合理的。
2. 艾麗斯喜愛藍色，而亨特小姐又被要求穿上藍色的連衣裙，所以這項推斷是合理的。

答案

挑戰站

3. 房間上了鎖，所以這項推斷是不合理的。
4. 她們身高相似，因為兩人踮起腳都能到達175厘米的高度，所以這項推斷是不合理的。
5. 他害怕把遺產留給外人，所以這項推斷是合理的。

P. 75 邏輯網格圖

小偷是德・波諾先生。

愛德華少爺只可能住在3樓，因為1樓住着里格斯先生，2樓住着黑色馬車的主人（所以不是愛德華少爺，因為他的馬車是藍色的）；根據我們得到的信息，愛德華也不是住在4樓。

如此一來，勞倫斯小姐只可能住在2樓，而德・波諾先生就住在4樓。所以，黑色馬車的主人是勞倫斯小姐。

現在就只有紅色馬車和綠色馬車的主人還不確定。根據我們得到的信息，綠色馬車的主人不是住在4樓。所以它的主人是里格斯先生，而紅色馬車的主人德・波諾自然就是小偷了。

P. 77 密碼之舞

破解的信息是：SHERLOCK HOLMES THE GREAT DETECTIVE（大偵探福爾摩斯）

每一個小舞人都代表英文字母表中的一個字母。

P. 82 人像拼圖

1D，2A，3C，4B

P. 82 影子之謎

正確的影子是C。

P. 83 組織資料

每組中第一個詞語的最後一個英文字母與第二個詞語的第一個英文字母相同。

P. 83 不吃魚的貓？

圖畫代表的7個字是「哪隻貓兒不吃魚」，比喻本性難移。

P. 84 一目了然

鞋子和節拍器。

P. 84 糊里糊塗

「血子的研究」應為「血字的研究」。

「四個神秘的簽各」應為「四個神秘的簽名」。

「紅發會」應為「紅髮會」。

「小無人探案」應為「小舞人探案」。

「矇面房客探案」應為「蒙面房客探案」。

P. 85 字謎

「橄欖」與「金藍」的讀音接近。

P. 85 字母疑團

Stick、Wings、Bait和Soil：4個英文詞語均有「i」字。

答案

挑戰站

P. 86 音節六邊形

P. 87 圖像六邊形

金屬暗示彈簧；垃圾暗示蒼蠅；牙齒暗示蘋果；人類暗示世界；交通暗示滑板車。

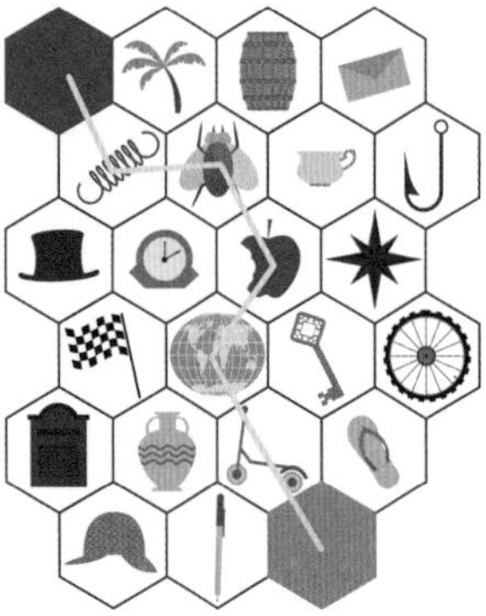

P. 88及P.90 謎一般的接龍

ACE 及 EAR

P. 88 小路上的腳印

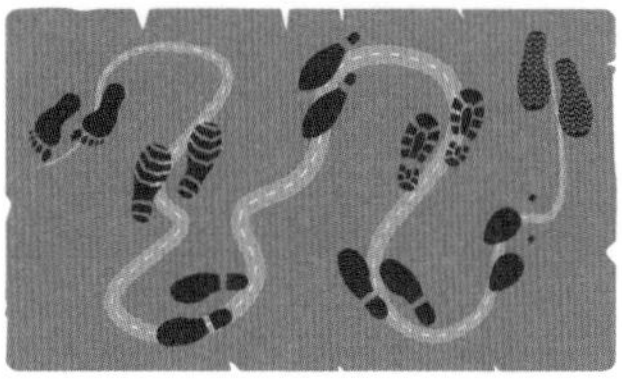

P. 89-90 福爾摩斯的櫃子

1. 兩個花瓶
2. 11本
3. 沙漏、鐘和節拍器
4. 照相機
5. 小提琴
6. 16個
7. 3枝蠟燭和4把鑰匙

P. 89-90 找出福爾摩斯

真正的福爾摩斯是0005。

P. 91 跟蹤疑犯

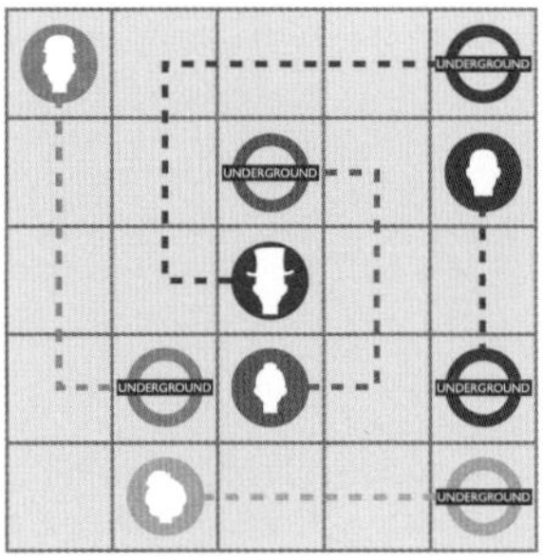

P. 91 還少一個

第5個詞語是「蛋糕」，贓物收藏在蛋糕內。